高等职业教育系列教材

U0155135

Python 编程基础

主　编　王正霞　李巧君

副主编　李俊翰　胡心雷

参　编　闫　兵

主　审　付　雯

机 械 工 业 出 版 社

本书是 Python 编程的基础教程，基于当前 Python 的最新版本 3.7。本书基础知识翔实，包含丰富的、循序渐进的实践项目。首先，介绍了简单的 Hello World 程序任务，让读者认识 Python，并介绍编程环境的安装与配置，以及如何实现 Hello World 程序。接着介绍 Python 的基础知识——值、变量、数据类型、表达式和运算，以及程序流程控制——if 语句、循环语句，同时给出了丰富的实践练习。随后介绍了函数、面向对象编程、文件 I/O 和异常等更深入的知识。最后探讨了 Python 的高级编程：魔法参数，map、reduce 和 filter 高阶函数，以及装饰器等。

本书适合高等职业院校计算机相关专业的学生，也适合 Python 零基础以及有一定编程基础的人员，能够让读者快速入门，同时夯实 Python 编程基础。

本书配有授课电子课件和习题答案，需要的教师可登录 www.cmpedu.com 免费注册、审核通过后下载，或联系编辑索取（QQ：1239258369，电话：010-88379739）。

图书在版编目（CIP）数据

Python 编程基础 / 王正霞，李巧君主编 . —北京：机械工业出版社，2020.5
（2022.2 重印）
ISBN 978-7-111-64915-1

Ⅰ . ①P… Ⅱ . ①王… ②李… Ⅲ . ①软件工具-程序设计-高等职业教育-教材 Ⅳ . ①TP311.561

中国版本图书馆 CIP 数据核字（2020）第 035439 号

机械工业出版社（北京市百万庄大街 22 号 邮政编码 100037）
策划编辑：王海霞　　责任编辑：王海霞　李晓波　孙　业
责任校对：张艳霞　　责任印制：李　昂
北京捷迅佳彩印刷有限公司印刷
2022 年 2 月·第 1 版·第 2 次印刷
184mm×260mm·12.75 印张·316 千字
标准书号：ISBN 978-7-111-64915-1
定价：45.00 元

电话服务

客服电话：010-88361066
　　　　　010-88379833
　　　　　010-68326294

网络服务

机　工　官　网：www.cmpbook.com
机　工　官　博：weibo.com/cmp1952
金　书　网：www.golden-book.com
机工教育服务网：www.cmpedu.com

前　言

随着互联网的飞速发展，积累了大量可供分析的数据，对这些数据进行处理、分析和预测的能力也显著提升（包括云计算提供的强大分布式运算能力、摩尔定律下每一个计算单元成本的持续降低、以神经网络为代表的深度学习算法的应用），使我们得到了超乎想象的人工智能。人工智能、大数据和云计算如今得到了突飞猛进的发展，Python 也越来越火。调查显示，Python 已经成了发展最快的主流编程语言。Python 以数据科学而闻名，它拥有极其丰富且稳定的数据科学工具环境，从而助推其成为大数据和云计算中最流行的语言之一。

本书是 Python 编程的基础教程，基于当前 Python 的最新版本 3.7。本书针对 Python 零基础和有一定编程基础的人员，能够让读者快速入门，同时夯实 Python 编程基础。本书还配置了 Python 编程进阶知识：Python 面向对象编程、文件 I/O、函数式编程等，还为希望进阶 Python 编程的读者配备了相应的知识与示例。

本书以任务为导向，引入相关 Python 编程基础知识，进而讲解任务的具体实现，同时包含丰富的实例和练习，让读者能够快速入门，快速上手。本书具有如下特点：

1）基于 Python 的最新版本 3.7，以任务为导向，循序渐进，利于读者入门和掌握。

2）每章结尾有小结，下一章开头有内容回顾，温故而知新。

3）含有 Python 高级编程知识及简单项目练习，为读者进阶打下基础。

本书首先引入简单的 Hello World 程序任务，让读者认识 Python，并介绍编程环境的安装与配置，以及如何实现 Hello World 程序。接着，介绍 Python 的基础知识——值、变量、数据类型、表达式和运算；以及程序流程控制——if 语句、循环语句；同时给出丰富的实践练习。随后介绍了函数、面向对象编程、文件 I/O 和异常等更深入的知识。最后一章，探讨 Python 高级编程：魔法参数，map、reduce 和 filter 高阶函数，以及装饰器等。本书基础知识翔实，包含丰富的、循序渐进的实践项目，特别适合 Python 入门开发人员。

本书由重庆电子工程职业学院王正霞、河南工业职业技术学院李巧君主编。王正霞编写任务 1 和任务 2；李巧君编写任务 3、任务 6 和任务 7；重庆电子工程职业学院李俊翰编写任务 4 和任务 8；重庆电子工程职业学院胡心雷老师编写任务 9；河南工业职业技术学院闫兵编写任务 5。

由于作者水平有限，书中疏漏之处在所难免，敬请读者批评指正。

编　者

目　　录

任务 1 Python 入门——编写 Hello World 程序

任务目标
◆ 了解 Python 编程及其特点。
◆ 掌握 Python 编程环境的搭建步骤。
◆ 使用 PyCharm IDE 实现第一个 Hello World 程序。

1.1 任务描述

"Hello, World"的意思是"你好，世界"。Hello World 程序是指在屏幕显示"Hello, World!"字符串的计算机程序。1974 年，布莱恩·柯林汉（Brian Kernighan）和丹尼斯·里奇（Dennis Ritchie）在他们撰写的 *The C Programming Language*《C 程序设计语言》中使用"hello, world!"作为测试消息。自此，Hello World 成为很多初学者首次接触编程语言时会撰写的程序。本章介绍了 Python 程序的起源和发展，以及 Python 语言的特点；并详细讲解了 Python 编程的环境搭建，以及使用 PyCharm 集成开发环境编写第一个 Hello World 程序的详细操作步骤。

下面是 Hello World 程序的任务描述。
1）通过 PyCharm 集成开发环境创建第一个项目。
2）通过 PyCharm 创建 Hello World 程序文件。
3）使用 print 函数直接输出"Hello World"。
4）将输出 Hello World 程序封装到函数中实现。

1.2 了解 Python

1.2.1 Python 简介

Python 是一种强大的计算机编程语言。它与最早的编程语言之一 Fortran 有一些相似之处，但它比 Fortran 强大得多。Python 允许在不声明变量的情况下使用变量（即，它隐式地确定类型），并且它依赖于缩进作为控制结构。

Python 是一种具有动态语义的解释型高级编程语言。其内置数据结构，结合动态类型和动态绑定，使其对快速应用程序开发非常有吸引力，并且可用作脚本或黏合语言将现有组件连接在一起。Python 简单易学的语法强调可读性，因此降低了程序维护的成本。Python 支持模块和包，鼓励程序模块化和代码重用。Python 解释器和广泛的标准库以源代码或二进制形式提供，不收取主要平台的费用，可以免费分发。

Python 的设计哲学强调代码的可读性和简洁的语法（尤其是使用空格缩进划分代码块，而非使用大括号或者关键词）。相比于 C++和 Java，Python 让开发者能够用更少的代码表达想法。不管是小型还是大型程序，该语言都能让程序的结构清晰明了。Python 拥有动态类型系统和垃圾回收功能，能够自动管理内存使用，并且支持多种编程范式，包括面向对象、命令式、函数式和过程式编程，还拥有一个巨大而广泛的标准库。

1.2.2 Python 的起源与发展

Python 的创始人为吉多·范罗苏姆（Guido van Rossum），吉多·范罗苏姆是荷兰人，生于荷兰哈勒姆，计算机程序员，为 Python 程序设计语言的最初设计者及主要架构师，大家都称他为"龟叔"。在 Python 社区，吉多·范罗苏姆被人们认为是"终身仁慈独裁者（BDFL）"，意思是他仍然关注 Python 的开发进程，并在必要的时刻做出决定。2018 年 7 月 12 日，他宣布不再担任 Python 社区的 BDFL。

1982 年，吉多·范罗苏姆从阿姆斯特丹大学（University of Amsterdam）获得了数学和计算机硕士学位。然而，尽管他算得上是一位数学家，但他更加享受计算机带来的乐趣。用他的话说，尽管拥有数学和计算机双料资质，他总趋向于做计算机相关的工作，并热衷于做任何和编程相关的事情。

关于 Python 的起源，吉多·范罗苏姆在 1996 年写道：

Over six years ago, in December 1989, I was looking for a "hobby" programming project that would keep me occupied during the week around Christmas. My office (a government-run research lab in Amsterdam) would be closed, but I had a home computer, and not much else on my hands. I decided to write an interpreter for the new scripting language I had been thinking about lately: a descendant of ABC that would appeal to Unix/C hackers. I chose Python as a working title for the project, being in a slightly irreverent mood (and a big fan of Monty Python's Flying Circus).

译文：

六年多以前，即 1989 年 12 月，我正在寻找一个"业余爱好"编程项目，该项目将使我在圣诞节前后的一周内忙碌起来。我的办公室（由阿姆斯特丹政府运营的研究实验室）将关闭，但我有一台家用计算机，除此之外，手上没有什么其他东西。我决定为我最近考虑的新脚本语言编写一个解释器：衍生自 ABC，它将吸引 UNIX/C 黑客。我选择 Python 作为该项目的工作名称，是因为当时有点玩世不恭的情绪（并且我是巨蟒剧团之飞行马戏团的忠实拥护者）。

英文 Python 是大蟒蛇的意思。Python 的第一个实现是在 Mac 机上，Python 是从 ABC 发展起来的，主要受到了 Modula-3（另一种相当优美且强大的语言，为小型团体所设计）的影响，并且结合了 Unix shell 和 C 的习惯。吉多·范罗苏姆曾是 C++程序员，之前也参与设计了 ABC 的教学语言，吉多·范罗苏姆认为，ABC 这种语言非常优美和强大，是专门为非专业程序员设计的。但是 ABC 语言并没有成功，究其原因，认为是其非开放造成的。他决定在 Python 中避免这一错误，同时，还想实现在 ABC 中未曾实现的东西。

1991 年，第一个 Python 编译器诞生，它是用 C 语言实现的，并能够调用 C 语言的库文件。从一出生，Python 就已经具有了类、函数和异常处理，同时包含表和词典在内的核心数据类型，以及以模块为基础的拓展系统。

Python 2.0 于 2000 年 10 月 16 日发布，实现了完整的垃圾回收，并且支持 Unicode。同时，整个开发过程更加透明，社群对开发进度的影响逐渐扩大。

Python 3.0 于 2008 年 12 月 3 日发布，此版不完全兼容之前的 Python 源代码。不过，很多新特性后来也被移植到旧的 Python 2.6/2.7 版本中。

更多 Python 的发展历史，见表 1-1。

表 1-1 Python 发展历史

日期	事件
1994 年 1 月	Python 1.0，增加了 lambda、map、filter 和 reduce
2000 年 10 月 16 日	Python 2.0，加入了内存回收机制，构成了现在 Python 语言框架的基础
2004 年 11 月 30 日	Python 2.4，WEB 框架 Django 诞生
2006 年 9 月 19 日	Python 2.5
2008 年 10 月 1 日	Python 2.6
2008 年 12 月 3 日	Python 3.0
2009 年 6 月 27 日	Python 3.1
2010 年 7 月 3 日	Python 2.7
2011 年 2 月 20 日	Python 3.2
2012 年 9 月 29 日	Python 3.3
2014 年 3 月 16 日	Python 3.4
2014 年 11 月	宣布 Python 2.7 将在 2020 年之后停止支持，并重申将不会发布 2.8 版本，用户应尽快转向 Python 3.4+
2015 年 9 月 13 日	Python 3.5
2018 年 6 月 27 日	Python 3.7

1.2.3 Python 解释器

用户编写 Python 代码时，得到的是一个包含 Python 代码的以.py 为扩展名的文本文件。要运行代码，就需要 Python 解释器（Interpreter）去执行.py 文件。

解释器是一种计算机程序，能够把高端编程语言一条一条地解释运行。比如 PHP、JavaScript、Ruby、Perl 也是典型的解释性语言。编译器需要把源程序的每一条语句都编译成机器语言，并保存成二进制文件，然后才能运行程序。而解释器则是只在执行程序时，才一条一条地解释成机器语言给计算机来执行。解释器的优点是比较容易让用户实现跨平台的代码，同时不需要编译即可执行代码，缺点是运行速度慢。

下面对几种常用的 Python 解释器进行简单介绍。

1. CPython

当从 Python 官方网站下载并安装好 Python 3.7.0 后，就直接获得了一个官方版本的解释器：CPython。这个解释器是用 C 语言开发的，所以叫 CPython。在命令行下运行 python 就是启动 CPython 解释器。CPython 是使用最广的 Python 解释器，用 ">>>" 作为提示符。

2．IPython

IPython 是基于 CPython 之上的一个交互式解释器，也就是说，IPython 只是在交互方式上有所增强，但是执行 Python 代码的功能和 CPython 是完全一样的。IPython 用"In [序号]:"作为提示符。

3．PyPy

PyPy 是另一个 Python 解释器，它的目标是执行速度。PyPy 采用 JIT 技术，对 Python 代码进行动态编译（注意不是解释），所以可以显著提高 Python 代码的执行速度。

绝大部分 Python 代码都可以在 PyPy 下运行，但是 PyPy 和 CPython 是有一些不同的，这就导致相同的 Python 代码在两种解释器下执行可能会有不同的结果。如果代码要放到 PyPy 下执行，就需要了解 PyPy 和 CPython 的不同点。

4．Jython

Jython（原 JPython），是用 Java 语言编写的 Python 解释器。Jython 运行在 Java 平台上，可以直接把 Python 代码编译成 Java 字节码执行。

5．IronPython

IronPython 和 Jython 类似，只不过 IronPython 是运行在微软 .NET 平台上的 Python 解释器，可以直接把 Python 代码编译成 .NET 的字节码。

1.2.4　Python 的特点

Python 是当前发展最快的主流编程语言之一，Python 作为一门高级编程语言，它的诞生虽然很偶然，但是它得到程序员的喜爱却是必然。Python 的特点是优雅、明确、简单，对于初学者来说入门容易，将来也很容易深入下去。Python 语言具有以下的特点。

1）易于学习：Python 关键字相对较少，结构简单，学习起来更加简单。

2）解释型语言：Python 是一种解释型语言，源代码可直接运行。

3）面向对象：Python 支持除封装以外的所有面向对象编程语言标准特性。

4）丰富的函数库：Python 的最大的优势之一是丰富的函数库。

5）跨平台：Python 在 UNIX、Windows 和 Macintosh 上可以很好地兼容。

6）免费开源：使用者可以免费分发此软件的副本，阅读该软件的源代码，对其进行修改，并在新的免费程序中使用其中的一部分。

7）数据库：Python 提供所有主要的商业数据库的接口。

8）GUI 编程：Python 支持 GUI，可以创建和移植到许多其他系统。

9）可扩展性和可嵌入性：可将 C/C++ 程序嵌入到 Python 中，以提高关键代码的运行速度。

1.2.5　Python 3 与 Python 2 的区别

Python 3.0，也称为"Python 3000"或"Py3K"，为了不带入过多的累赘，是有史以来第一个故意向后兼容的 Python 版本。与典型版本相比，有许多更改，对所有 Python 用户而言，这些更改都很重要。本书中的所有示例都基于 Python 3.7.0 版本。但对于初学者来说还是有必要简单了解 Python 3.x 与 2.x 版本的区别。许多针对早期 Python 版本设计的程序都无法在 Python 3.0 上正常执行。

为了照顾现有程序，Python 2.6 作为一个过渡版本，基本使用了 Python 2.x 的语法和库，同时考虑了向 Python 3.0 的迁移，允许使用部分 Python 3.0 的语法与函数。新的 Python

程序建议使用 Python 3.0 版本的语法，除非执行环境无法安装 Python 3.0 或者程序本身使用了不支持 Python 3.0 的第三方库。

大多数第三方库都正在努力地兼容 Python 3.0 版本，即使无法立即使用 Python 3.0，也建议编写兼容 Python 3.0 版本的程序，然后使用 Python 2.6、Python 2.7 来执行。

Python 3.0 的变化主要在以下几个方面。

1．print 函数

Python 3.0 中 print 语句没有了，取而代之的是 print()函数。Python 2.6 与 Python 2.7 部分地支持这种形式的 print 语法。在 Python 2.6 与 Python 2.7 里面，以下 3 种形式是等价的。

Python 2.x：

```
>>> print "Hello World"
Hello World     # 代码输出结果
```

Python 3.x：

```
>>> print ("Hello World")          # 注意 print 后面有个空格
Hello World                        # 代码输出结果
>>> print("Hello World")
Hello World                        # 代码输出结果
```

2．Unicode

Python 3.0 使用 text 和 binary 数据代替了 Python 2.0 中的 Unicode 字符串类型和字节（8 位）字符串类型。所有文本都是 Unicode，但编码的 Unicode 表示为二进制数据。用于保存文本的类型是 str，用于保存数据的类型是字节。

由于 Python3.x 源代码文件默认使用 utf-8 编码，这就使得以下代码都是合法的。

```
>>> 中国="china"
>>> print(中国)
china     # 代码输出结果
```

Python 2.x：

```
>>> msg = "世界，你好！"
>>> msg
'\xca\xc0\xbd\xe7\xa3\xac\xc4\xe3\xba\xc3\xa3\xa1'          # 代码输出结果
>>> msg = u"世界，你好！"
>>> msg
u'\u4e16\u754c\uff0c\u4f60\u597d\uff01'                     # 代码输出结果
```

Python 3.x：

```
>>> msg = u"世界，你好！"
>>> msg
'世界，你好！'     # 代码输出结果
```

3．除法运算

Python 中的除法与其他语言相比，有套很复杂的规则。Python 中的除法有两个运算符，/ 和 //。

（1）/ 除法

在 Python 2.x 中 / 除法跟我们熟悉的大多数语言，如 Java 和 C 差不多，整数相除的结

果是一个整数，把小数部分完全忽略掉，浮点数除法会保留小数点的部分得到一个浮点数的结果。

在 Python 3.x 中 / 除法不再这么做了，对于整数之间的相除，结果也会是浮点数。

Python 2.x：

```
>>> 2/5
0                   # 代码输出结果
>>> 2/5.0
0.4                 # 代码输出结果
```

Python 3.x：

```
>>> 2/5
0.4                 # 代码输出结果
>>> 2/5.0
0.4                 # 代码输出结果
```

（2）// 除法

这种除法叫作 floor 除法，即向下取整。会对除法的结果自动进行一个 floor 操作，在 Python 2.x 和 Python 3.x 中是一致的。

Python 2.x：

```
>>> 15//4
3                   # 代码输出结果
>>> -2//3
-1                  # 代码输出结果
```

Python 3.x：

```
>>> 15//4
3                   # 代码输出结果
>>> -2//3
-1                  # 代码输出结果
```

4．异常

在 Python 3 中处理异常也有所改变，其使用 as 作为关键词。捕获异常的语法由 except exc，var 改为 except exc as var。

如果要捕获多种类别的异常，需要使用语法 except (exc1，exc2) as var，可以同时捕获 exc1 和 exc2 两种异常。Python 2.6 已经支持这两种语法。

如果在 Python 3.0 中使用如下代码，将是错误的。

```
try:
    ...
except TypeError, ValueError:  # 错误！
    ...
```

正确的写法如下。

```
try:
    ...
```

```
except (TypeError, ValueError) as var:   # 正确！
    ...
```

5．xrange

在 Python 2.0 中 xrange()函数创建迭代对象，一个生成器。xrange()函数生成一个序列。

在 Python 3.0 中，range()是和 Python 2.0 中 xrange()那样生成一个迭代对象，xrange()函数则不再存在。

6．八进制和二进制字面值

Python 3.0 中八进制数的表示形式是 0o777，原来的形式 0777 不能用了。

Python 3.0 中二进制必须写成 0b111。同时新增了一个内建函数 bin()，用于将一个整数转换成二进制字串。Python 2.6 已经支持这两种语法。

Python 2.x：

```
>>> 0o1010
520      # 代码输出结果
>>> 01010
520      # 代码输出结果
```

Python 3.x：

```
>>> 01010
  File "<stdin>", line 1
    01010
        ^
SyntaxError: invalid token        # 代码输出结果
>>> 0o1010
520                               # 代码输出结果
```

7．不等于运算符

Python 2.x 中不等于有两种写法：!= 和 <>。

Python 3.x 中去掉了 <>，只有 != 一种写法。

8．去掉了 repr 表达式 \`\`

Python 2.x 中反引号\`\`相当于 repr 函数的作用。

Python 3.x 中去掉了反引号\`\`这种写法，只允许使用 repr 函数，这样做的目的是为了使代码看上去更清晰。

9．多个模块被改名

一些模块被重命名，因为它们的旧名称没有遵守 PEP 8 规则，或出于各种其他原因。被重命名的模块，见表 1-2。

表 1-2　Python 3 与 Python 2 相比被重命名的模块

旧模块名	新模块名	旧模块名	新模块名
_winreg	winreg	Queue	queue
ConfigParser	configparser	SocketServer	socketserver
copy_reg	copyreg	repr	reprlib

1.3 Python 编程环境搭建

Python 是跨平台的，它可以运行在 Windows、Mac 和各种 Linux/UNIX 系统上。在 Windows 上写 Python 程序，放到 Linux 上也是能够运行的。通过 Python 的官网可以下载相应平台的 Python 程序和源代码程序。

Python 官网地址：https://www.python.org/

进入官网后，单击"Downloads"菜单，即可下载相应的 Python 安装程序，如图 1-1 所示。

图 1-1　Python 官网首页

要学习 Python 编程，首先需要将 Python 安装到计算机里。安装后，将会得到 Python 解释器（负责运行 Python 程序）、一个命令行交互环境，还有一个简单的集成开发环境（IDLE）。

1.3.1 Windows 系统平台 Python 的安装与配置

为了能够让初学者更容易入门，本书基于 Windows 平台。安装环境详细描述如下。

操作系统：Windows 10 家庭版 64 位。

Python 版本：Python 3.7.0。

1．Windows 10 安装 Python

下面介绍在 Windows 10 平台下安装 Python 的步骤。

1）从 Python 的官方网站https://www.python.org/ 下载最新的 3.7.0 版本。下载地址：https://www.python.org/ftp/python/3.7.0/python-3.7.0.exe，下载列表如图 1-2 所示。

2）双击下载的 exe 安装包，进入程序安装窗口，勾选"Add Python 3.7 to PATH"复选框，将 Python 添加到系统环境变量中。然后单击"Install Now"开始安装，如图 1-3 所示。

3）Python 3.7.0 安装完成后，程序安装窗口提示配置成功（Setup was successful）。图 1-4 所示为 Python 3.7.0 (32-bit) 安装配置。

Version	Operating System	Description	MD5 Sum	File Size	GPG
Gzipped source tarball	Source release		41b6595deb4147a1ed517a7d9a580271	22745726	SIG
XZ compressed source tarball	Source release		eb8c2a6b1447d50813c02714af4681f3	16922100	SIG
macOS 64-bit/32-bit installer	Mac OS X	for Mac OS X 10.6 and later	ca3eb84092d0ff6d02e42f63a734338e	34274481	SIG
macOS 64-bit installer	Mac OS X	for OS X 10.9 and later	ae0717a02efea3b0eb34aadc680dc498	27651276	SIG
Windows help file	Windows		46562af86c2049dd0cc7680348180dca	8547689	SIG
Windows x86-64 embeddable zip file	Windows	for AMD64/EM64T/x64	cb8b4f0d979a36258f73ed541def10a5	6946082	SIG
Windows x86-64 executable installer	Windows	for AMD64/EM64T/x64	531c3fc821ce0a4107b6d2c6a129be3e	26262280	SIG
Windows x86-64 web-based installer	Windows	for AMD64/EM64T/x64	3cfdaf4c8d3b0475aaec12ba402d04d2	1327160	SIG
Windows x86 embeddable zip file	Windows		ed9a1c028c1e99f5323b9c20723d7d6f	6395982	SIG
Windows x86 executable installer	Windows		ebb6444c284c1447e902e87381afeff0	25506832	SIG
Windows x86 web-based installer	Windows		779c4085464eb3ee5b1a4ffd0eabca4	1298280	SIG

图 1-2　Python 3.7.0 下载列表

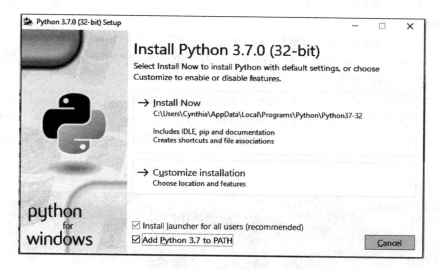

图 1-3　Python 3.7.0 (32-bit) 安装窗口

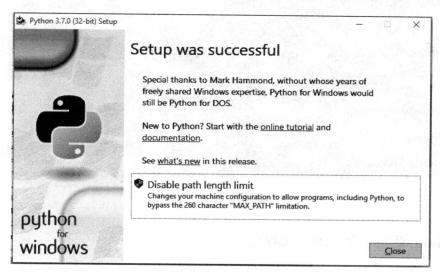

图 1-4　Python 3.7.0 (32-bit) 安装配置

2．在 Windows 10 设置环境变量

如果安装时未勾选"Add Python 3.7 to PATH"（将 Python 添加到环境变量中）复选框，可通过以下两种方法配置，在环境变量中添加 Python 目录。

（1）打开 cmd 窗口，输入如下内容后按〈Enter〉键。

> path=%path%; C:\Users\Cynthia\AppData\Local\Programs\Python\Python37-32

注意：C:\Users\Cynthia\AppData\Local\Programs\Python\Python37-32 是 Python 的安装路径。

（2）也可以通过以下方式设置。

1）单击开始菜单栏的"搜索"图标，然后在搜索框中输入"环境变量"，选择搜索结果中的"编辑系统环境变量"。

2）在打开的"系统属性"对话框中，单击"高级"选项卡中的"环境变量"。

3）在新弹出的"环境变量"对话框中，选择"系统变量"下面的"Path"项，双击，然后进入配置"编辑环境变量"对话框。

4）单击"新建"按钮，输入 Python 安装路径，然后单击"确定"按钮保存修改。

5）在上述设置成功以后，在 cmd 命令行输入命令"python"，就可以进入 CPython 解释器，运行 Python 代码。在">>>"提示符后面输入"print("Hello World")"，然后按〈Enter〉键，即可打印字符串到屏幕，如图 1-5 所示。

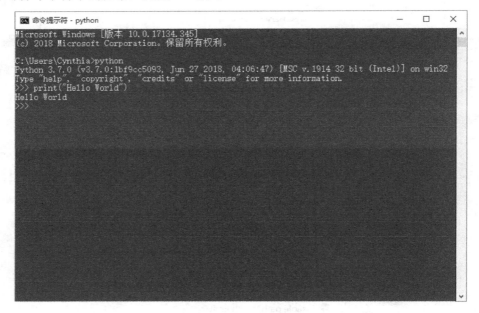

图 1-5　CPython 解释器交互式模式窗口

1.3.2　Linux 系统平台 Python 的安装与配置

在很多 Linux 平台上，系统默认都自带了 Python 程序，只是版本不是最新的，需要更新。下面以 CentOS 7.5 系统为例，详细介绍更新 Python 到 3.7.0 版本的操作步骤。

（1）以 root 用户登录 CentOS 7.5 终端，执行如下命令可以查看当前系统的 Python 版本。

```
# python -V
```

命令及执行结果如图 1-6 所示。

```
[root@localhost Python-3.7.0]# python -V
Python 2.7.5
```

图 1-6　在 CentOS 终端查看 Python 版本

（2）执行如下命令，下载 Python 源代码包。

```
# cd /usr/src/
# wget https://www.python.org/ftp/python/3.7.0/Python-3.7.0.tgz
```

执行命令并下载完成后，输出结果如图 1-7 所示。

```
[root@localhost ~]# cd /usr/src/
[root@localhost src]# wget https://www.python.org/ftp/python/3.7.0/Python-3.7.0.tgz
--2018-10-30 08:29:38--  https://www.python.org/ftp/python/3.7.0/Python-3.7.0.tgz
Resolving www.python.org (www.python.org)... 151.101.72.223, 2a04:4e42:1a::223
Connecting to www.python.org (www.python.org)|151.101.72.223|:443... connected.
HTTP request sent, awaiting response... 200 OK
Length: 22745726 (22M) [application/octet-stream]
Saving to: 'Python-3.7.0.tgz'

100%[===========================================================================>] 22,745,726  4.24MB/s   in 9.9s

2018-10-30 08:29:49 (2.18 MB/s) - 'Python-3.7.0.tgz' saved [22745726/22745726]

[root@localhost src]#
```

图 1-7　在 CentOS 终端通过 wget 下载 Python 3.7.0

（3）执行如下命令将下载的 Python 包解压。

```
# tar    -xvf    Python-3.7.0.tgz
```

（4）下面进入程序安装步骤，在终端执行如下命令。

```
# cd Python-3.7.0
# ./configure --enable-optimizations
# make altinstall    # 此条命令可以保留旧版的
```

（5）Python 安装成功，会出现图 1-8 所示的安装成功信息。

```
                /usr/local/share/man/man1/python3.7.1
if test "xupgrade" != "xno"  ; then \
        case upgrade in \
            upgrade) ensurepip="--altinstall --upgrade" ;; \
            install|*) ensurepip="--altinstall" ;; \
        esac; \
        ./python -E -m ensurepip \
            $ensurepip --root=/ ; \
fi
Looking in links: /tmp/tmp242kbuf0
Collecting setuptools
Collecting pip
Installing collected packages: setuptools, pip
Successfully installed pip-10.0.1 setuptools-39.0.1
[root@localhost Python-3.7.0]#
```

图 1-8　在 CentOS 终端 Python 安装成功提示信息

（6）如果安装命令出现图 1-9 所示的错误，需要安装 zlib-devel 包后，再执行 make altinstall 命令重新安装 Python。

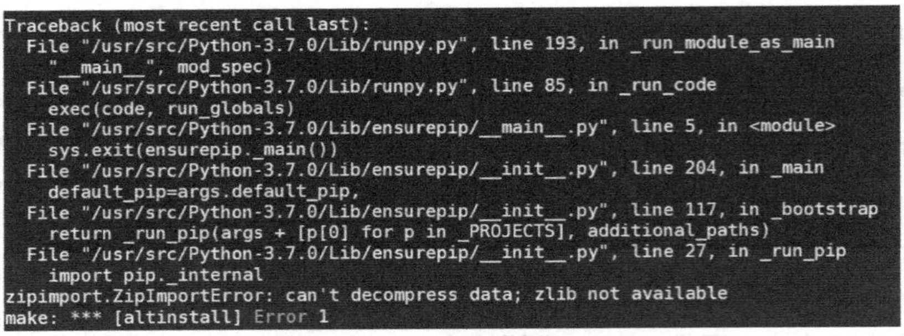

图 1-9　CentOS 终端安装 Python 出现 zlib 不可用

　　# yum install zlib-devel

　　（7）如果执行安装命令后出现图 1-10 所示错误，需要安装 libffi-devel 包后，再执行 make altinstall 命令重新安装 Python。

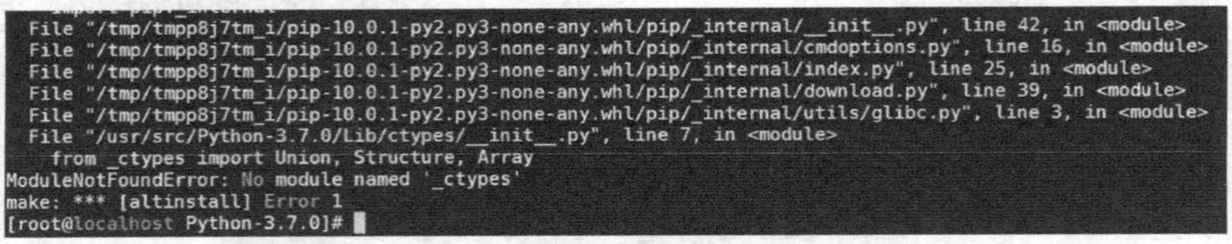

图 1-10　CentOS 安装 Python 出现 _ctypes 错误

　　# yum install libffi-devel

　　（8）Python 3.7.0 安装成功后，Python 将会安装在 /usr/local/bin 目录中，由于使用的 make altinstall 命令，旧版本的 Python 没有被替换，所以要使用新安装的 Python 3.7.0，只需要执行 Python 3.7 即可进入 Python 的 CPython。Python 的库安装在 /usr/local/lib/python3.7/ 目录中。

```
# python3.7
Python 3.7.0 (default, Oct 30 2018, 08:46:33)
[GCC 4.8.5 20150623 (Red Hat 4.8.5-28)] on linux
Type "help", "copyright", "credits" or "license" for more information.
>>>
```

1.4　开启 Python 之旅

　　通过前面的内容，对 Python 编程有了整体的了解和认识，同时搭建了 Python 3.7.0 的环境。下面开启 Python 编程之旅，搭建 Python 的 IDE 环境，并实现第一个 Hello World 程序。

1.4.1　Python 交互式命令行执行打印帮助信息程序

1．Python 模式

在正式编写第一个 Python 程序前，先了解一下什么是命令行模式和 Python 交互模式。

（1）命令行模式

打开 cmd 命令行窗口后，就进入 Windows 命令行模式，它的提示符类似 "C:\>"，Windows 命令行示例如图 1-11 所示。

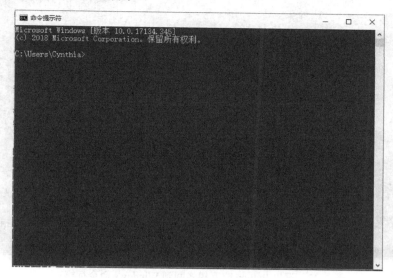

图 1-11　Windows 命令行窗口

（2）Python 交互模式

在命令行模式下执行 python 命令，会先看到一堆文本输出，然后就进入 Python 交互模式，它的提示符是 ">>>"，如图 1-12 所示。

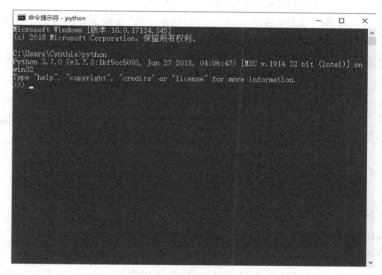

图 1-12　Windows 命令行进入 Python 交互式模式

在 Python 交互模式下输入 "exit()" 并按〈Enter〉键，就退出了 Python 交互模式，并回到命令行模式，如图 1-13 所示。

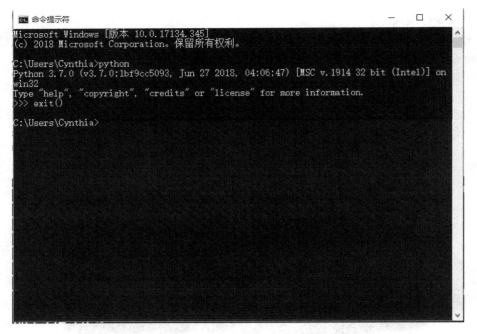

图 1-13　退出 Python 交互模式回到 Windows 命令行模式

也可以直接通过"开始"菜单选择"Python 3.7（64 位）"或"Python 3.7（32 位）"菜单命令，直接进入 Python 交互模式，但是输入"exit()"后窗口会直接关闭，不会回到命令行模式。

2．使用 Python 交互式模式实现计算器

通过前述内容，了解了如何启动和退出 Python 的交互模式，下面就可以正式开始编写 Python 代码了。

在写代码之前，建议不要使用复制/粘贴的方法完成程序编写。初学者应该多体验输入代码的过程，因为经常会敲错代码，如拼写不对、大小写不对、混用中英文标点、混用空格和〈Tab〉键等，通过练习，才能够快速掌握如何写程序。

在交互模式的提示符">>>"下，直接输入代码，按〈Enter〉键，就可以立刻得到代码执行结果。例如，试试输入"237＋427"，看看计算结果是不是 664。

```
>>> 237 + 427
664
```

3．使用交互模式打印信息

```
>>> print("Hello World!")
Hello World!
```

这种用单引号或者双引号括起来的文本在程序中叫字符串，今后还会经常遇到。

最后，执行"exit()"命令退出 Python，第一个 Python 程序完成。在 Python 交互模式下，读者可以直接输入代码，按〈Enter〉键即可立即显示运行结果，因此这是测试代码的好地方。

1.4.2 Python IDE 简介

"工欲善其事，必先利其器"，如果说编程是程序员的手艺，那么 IDE 就是程序员的工具了。

集成开发环境（Integrated Development Environment，IDE）也称为 Integration Design Environment 和 Integration Debugging Environment，是一种辅助程序开发人员开发软件的应用软件，在开发工具内部就可以辅助编写源代码文本、并编译打包成可用的程序，有些甚至可以设计图形接口。一个优秀的 IDE，重要的就是在普通文本编辑之外，提供针对特定语言的各种快捷编辑功能，让程序员尽可能快捷、舒适、清晰地浏览、输入、修改代码。

本书推荐 PyCharm，由 JetBrains 打造的一款 Python IDE。PyCharm 是一款常用的 Python 开发工具，功能十分强大，并且多平台支持（Windows/MacOS/Linux）。PyCharm 具备一般 Python IDE 的功能，比如调试、语法高亮、项目管理、代码跳转、智能提示、自动完成、单元测试、版本控制等。另外，PyCharm 还提供了一些很好的功能用于 Django 开发，同时支持 Google App Engine，更酷的是，PyCharm 支持 IronPython。图 1-14 是 PyCharm 的 Logo。

图 1-14　PyCharm Logo

PyCharm IDE 窗口如图 1-15 所示。

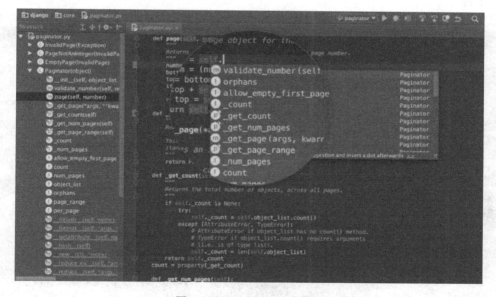

图 1-15　PyCharm IDE 窗口

1.4.3 PyCharm 的安装

本小节将阐述 PyCharm 的安装和使用过程。PyCharm 提供三个版本，专业版（Professional）、社区版（Community），以及教育版（Educational）。

专业版功能丰富，是十分专业的开发工具。专业版是付费版本，可免费试用一个月，支持 Web 框架、数据库等功能。图 1-16 是 PyCharm 专业版窗口。

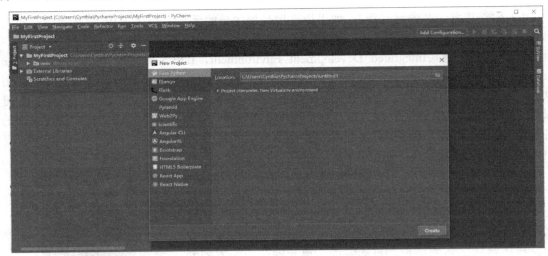

图 1-16　PyCharm 专业版窗口

　　教育版是教学式的，更适合师生使用。老师可以用教育版进行教学，学生也可以通过它完成课程作业。教育版还集成了一个 Python 的课程学习平台。图 1-17 是 PyCharm 教育版课程学习平台。

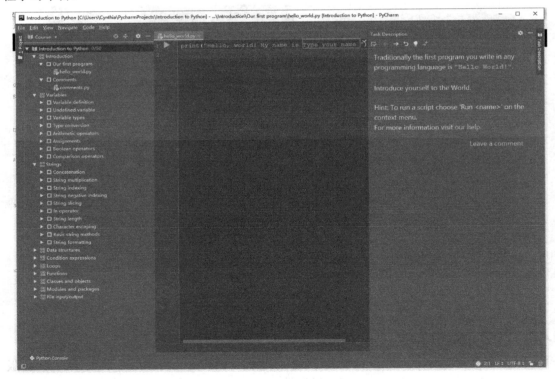

图 1-17　PyCharm 教育版课程学习平台

社区版就是删减后的专业版，部分专业版的功能不能用，例如 Web 开发、Python Web 框架、远程开发能力、数据库和 SQL 支持等。图 1-18 是 PyCharm 社区版创建项目的窗口演示。

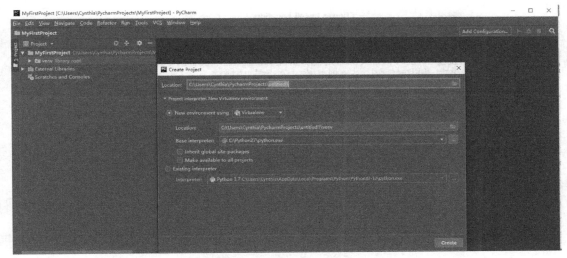

图 1-18　PyCharm 社区版

专业版、社区版和教育版基本功能对比见表 1-3。

表 1-3　专业版、社区版和教育版基本功能对比

功能特性	社区版（Community）	专业版（Professional）	教育版（Educational）
智能编辑器（Intelligent Editor）	√	√	√
图形调试器（Graphical Debugger）	√	√	√
重构（Refactoring）	√	√	√
代码审查（Code Inspection）	√	√	√
版本控制集成（Version Control Integration）	√	√	√
Web 开发	–	√	–
Web 框架	–	√	–
远程开发功能	–	√	–
数据库 & SQL 支持	–	√	–
UML & SQLAlchemy 画图	–	√	–
科学工具	–	√	–
核心 Python 语言支持	√	√	√

本书使用 PyCharm 2018.2.4 社区版编写代码示例，操作系统是 Windows 10 家庭版 64 位。下面是 PyCharm 安装过程。

1）下载 PyCharm 2018.2.4 社区版。下载地址为：https://download.jetbrains.8686c.com/python/pycharm-community-2018.2.4.exe。

2）安装 PyCharm 2018.2.4 社区版，双击"pycharm-community-2018.2.4.exe"安装程

序，进入程序安装对话框，可单击"Browse"按钮自定义安装目录，一般不修改，保持默认设置，如图 1-19 所示，单击"Next"按钮进入下一步。

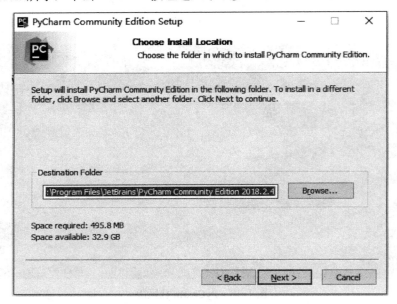

图 1-19　PyCharm 社区版安装窗口-选择安装目录

3）配置安装选项，选择要创建的桌面快捷方式版本，并配置是否创建与.py 文件的关联，如图 1-20 所示，然后单击"Next"按钮。

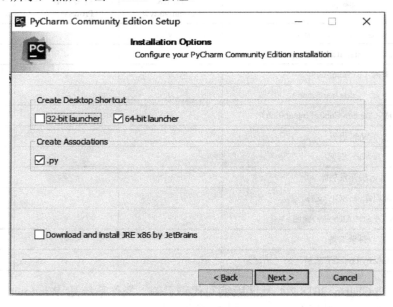

图 1-20　PyCharm 社区版安装窗口-配置安装选项

4）配置"开始菜单"创建程序快捷方式的程序文件夹，可以自定义，如图 1-21 所示，然后单击"Install"按钮开始安装。

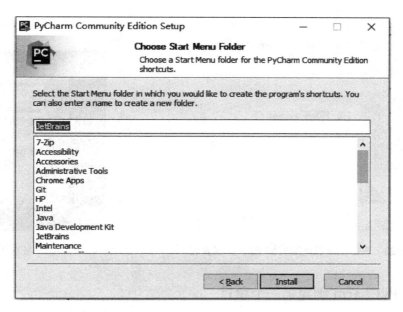

图 1-21　PyCharm 社区版安装窗口-配置启动菜单文件夹

5）图 1-22 是安装进度显示（单击"Show details"按钮可以查看详细信息）。

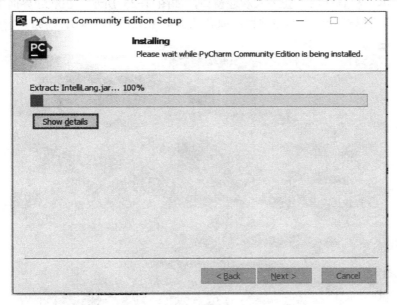

图 1-22　PyCharm 社区版安装窗口-安装进度

6）安装完成后，勾选"Run PyCharm Community Edition"复选框，如图 1-23 所示，然后单击"Finish"按钮，完成安装，并启动 PyCharm 社区版。

至此，PyCharm 社区版安装完成，通过"开始"菜单即可启动软件，也可在桌面找到软件快捷方式图标。PyCharm 桌面快捷方式图标如图 1-24 所示。

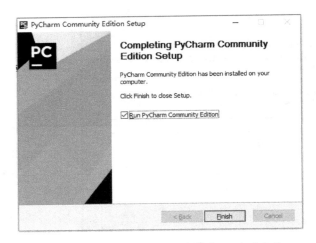

图 1-23　PyCharm 社区版安装窗口-完成安装　　　图 1-24　PyCharm 社区版桌面快捷方式

1.4.4　使用 PyCharm 创建第一个项目

前面成功安装了 PyCharm IDE 工具，下面可以使用 PyCharm 工具创建第一个 Python 项目。

PyCharm 第一次启动后，会进入欢迎窗口，如图 1-25 所示。在欢迎界面中可以创建一个新的项目，也可以打开一个本地项目，或者从版本控制服务器签出代码。

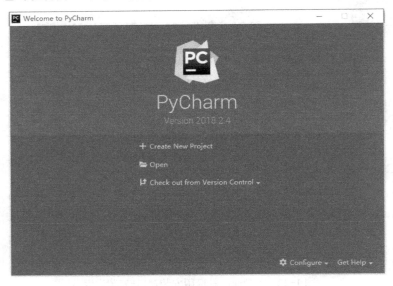

图 1-25　PyCharm 欢迎窗口

下面创建第一个 Python 项目，详细步骤如下。

1）在图 1-25 PyCharm 欢迎窗口中单击 "+ Create New Project"，进入新项目创建对话框，在 "Location" 文本框中修改项目存放目录中的项目名 "untitled1" 为 "FirstPython"，如图 1-26 所示。

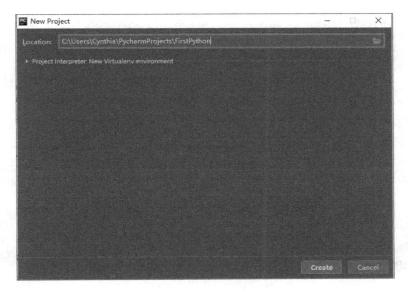

图 1-26　PyCharm 新项目创建窗口

2）单击新界面中的"Project Interpreter：New Virtualenv environment"，将会展开项目解释器虚拟环境的配置面板，配置虚拟环境，可使各项目互不影响，环境独立。正常情况下，PyCharm 会自己识别 Python 解释器的位置，如果未自动识别到系统的 Python 3.7.0，可单击"..."按钮打开文件夹，选择 Python 解释器程序位置，如图 1-27 所示。配置完成后，单击"Create"按钮即可成功创建第一个项目"FirstPython"。

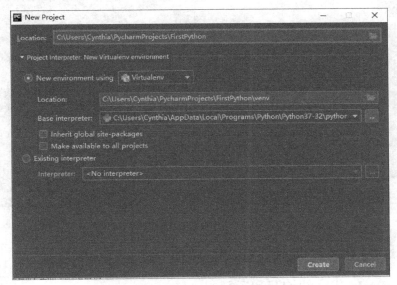

图 1-27　PyCharm 新项目配置

3）项目创建完成后，会直接进入项目窗口。此时会弹出一个 PyCharm 使用技巧的提示对话框，如图 1-28 所示。如果不希望下次开启 PyCharm 的时候弹出该提示对话框，可取消勾选"Show tips on startup"复选框，然后单击"Close"按钮关闭提示对话框。

图 1-28　PyCharm 使用技巧提示对话框

4）"FirstPython"项目创建成功后，项目窗口如图 1-29 所示。

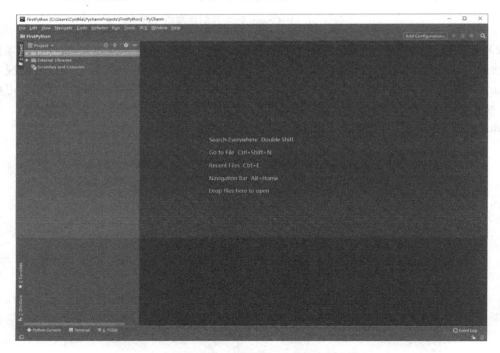

图 1-29　PyCharm 项目窗口

至此，通过 PyCharm 成功创建了第一个 Python 项目。

1.4.5　Hello World 程序的编写和运行

本小节将进入"FirstPython"项目的第一个程序"Hello World"的编写和运行。

1）打开"FirstPython"项目窗口后，在左边的"Project"窗格中，右击带有文件夹图标的"FirstPython"项，在弹出的快捷菜单中执行"New"→"Python File"菜单命令，创建第一个程序文件，如图 1-30 所示。

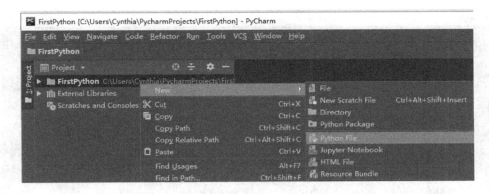

图 1-30 PyCharm 新建 Python 文件操作

2）弹出"New Python file"对话框，如图 1-31 所示，输入 Python 文件的名称"helloworld"，然后单击"OK"按钮完成 Python 程序文件的创建（使用 PyCharm 创建 Python 文件，不需要写出.py 后缀，IDE 会自动添加）。

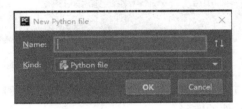

图 1-31 PyCharm 新建 Python 文件对话框

3）程序文件创建好后，会自动在右边窗格中打开该文件，如图 1-32 所示。

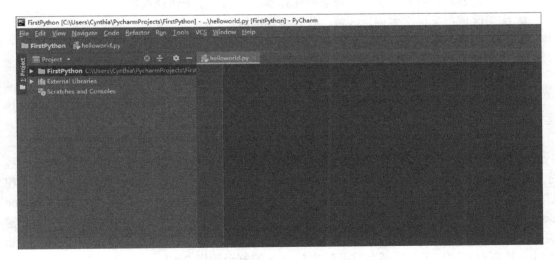

图 1-32 PyCharm 新程序文件建立完成

PyCharm 的主窗口整体结构如图 1-33 所示。

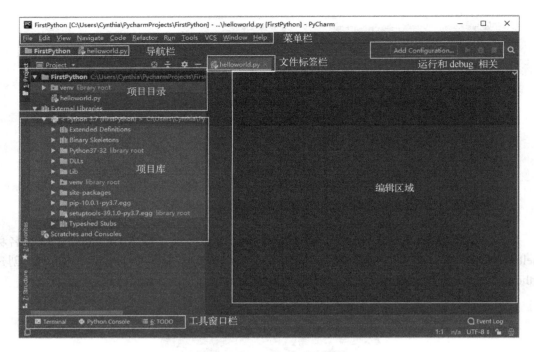

图 1-33　PyCharm 主窗口结构

- 菜单栏：PyCharm 工具的菜单栏，可以创建项目、打开项目、配置窗口布局等。
- 导航栏：当前选中文件的路径。
- 项目目录：项目目录树型结构。
- 项目库：项目环境中的外部库。
- 文件标签栏：打开的文件，将会在此标签栏显示，便于快速选择文件。
- 编辑区域：文件文本编辑区域、代码编辑区域。
- 运行和 debug 相关：快速运行和调试程序的地方。
- 工具窗口栏：一些特殊窗口，如终端、Python 控制台、代码搜索结果、导航和版本控制系统等功能区域。

熟悉了 PyCharm 窗口的功能区域后，即可进行第一个程序"Hello World"的编写和运行。

1）使用 Python Console 测试代码。首先在 Python Console（Python 控制台）测试代码。Python Console 是 PyCharm 提供的 Python 交互式控制台，功能类似于前面介绍的 Python 程序自带的交互式命令行，只是 PyCharm 的 Python Console 支持更多功能，操作更方便。编程过程中，在需要使用 Python Console 时，直接单击 PyCharm 工具窗口栏的"Python Console"，即可展开 Python 交互式控制台执行代码，如图 1-34 所示。在编程过程中，经常需要开启 Python Console 窗口，实时验证代码的正确性。本书后面的章节均使用 PyCharm Python 控制台测试代码，后面章节提到的 Python 控制台均指 PyCharm Python Console。

2）编辑 helloworld.py 文件。选中"helloworld.py"文件，在代码编辑区域，编写如下代码。

```
print("Hello World!")
```

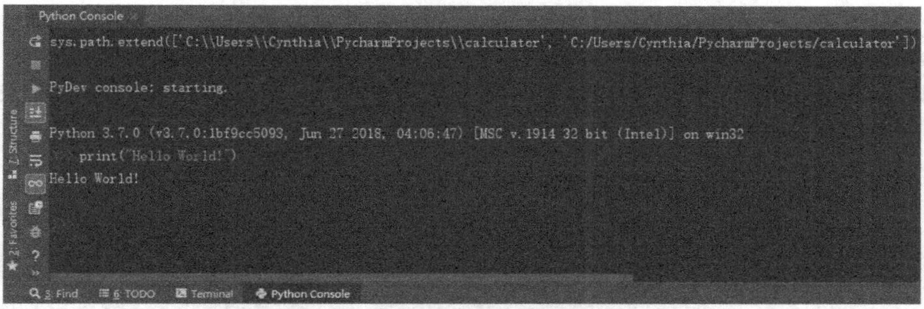

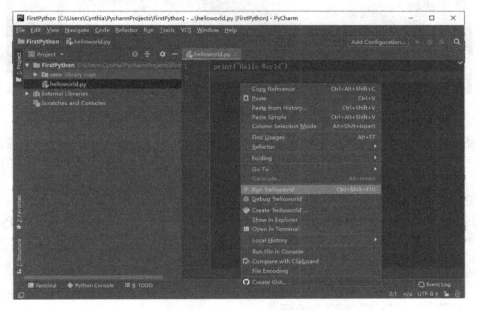

图 1-34　PyCharm Python Console 测试代码

3）在代码编辑区域单击鼠标右键，在弹出的快捷菜单中选择"Run 'helloworld'"命令，如图 1-35 所示，即可运行 helloworld 程序。

图 1-35　通过快捷菜单快速运行程序

程序运行结果，如图 1-36 所示。函数 print("Hello World!") 的作用是将参数中的内容输出到屏幕，从程序运行结果可以知道，helloworld.py 程序成功运行。同时控制台窗口最下面会显示"Process finished with exit code 0"，意思是程序运行完成，程序输出码是 0，表示程序运行成功，并退出。

1.4.6　注释代码

在程序里面，什么是代码注释呢？

注释就是对代码的解释和说明，其目的是让人们能够更加轻松地阅读和理解代码。注释是编写程序时，程序员给一个语句、程序段、函数等的解释或提示，能提高程序代码的可读性。编译器或者解释器会忽略代码中的注释。

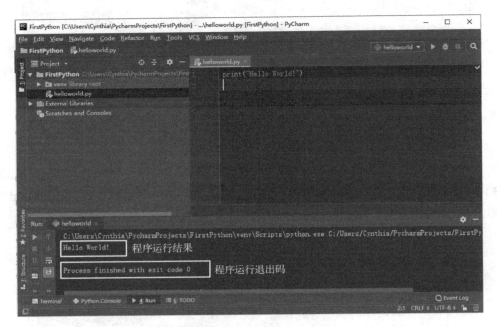

图 1-36　helloworld 程序运行结果

Python 中的注释有单行注释和多行注释。Python 中单行注释以 # 开头，多行注释用三个单引号'''或者三个双引号"""将注释括起来。下面通过实例依次说明两种注释方法的使用和效果。

首先，让 helloworld.py 程序打印更多信息到屏幕。

通过 PyCharm 打开前面创建的"FirstPython"项目后，在左边的窗格中选中"FirstPython"项目，单击项目名称左边的右三角形，展开第一级目录，找到"helloworld.py"文件，双击该文件，即会出现在窗口右边的编辑区域。

在"helloworld.py"中加入如下打印代码。

```
print("This is my first python program.")
print("My name is Cynthia!")
print("Let's have fun with python!")
```

在代码编辑区域右击，在弹出的快捷菜单中选择"Run 'helloworld'"命令运行代码，结果如图 1-37 所示。

下面是多行注释的使用实例，在"helloworld.py"程序的开始对本程序进行介绍，在文件开始处加入如下代码。

```
"""
This is my first Python program.
Implemented some printing code.
author: Cynthia Wong
date: 2018.10.31
"""
```

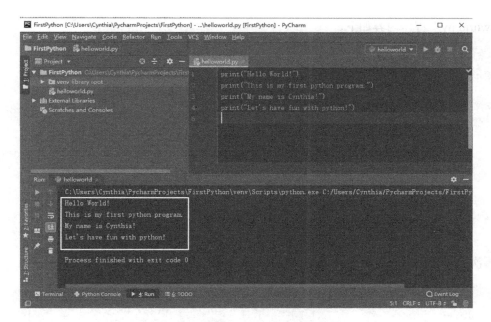

图 1-37　新 helloworld 程序运行结果

程序重新执行后，结果与未添加注释效果一样，如图 1-38 所示。

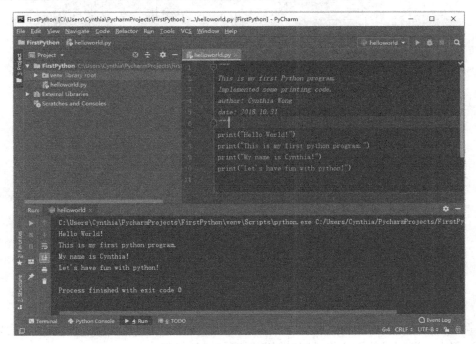

图 1-38　带多行注释的 helloworld 程序运行结果

多行注释采用三个单引号括起来，效果也是一样，读者可以试着将上面的多行注释修改，然后运行代码，查看运行结果有无变化。

单行注释，可以在需要注释的代码前面加入注释行，也可以在代码末尾加入。修改

"helloworld.py" 程序内容如下。

```
"""
This is my first Python program.
Implemented some printing code.
author: Cynthia Wong
date: 2018.10.31
"""
# say hello to the world
print("Hello World!")
# print a string to the screen
print("This is my first python program.")
print("My name is Cynthia!")        # print your name
print("Let's have fun with python!")
```

再次运行代码，发现运行结果与前面相同，如图 1-39 所示。

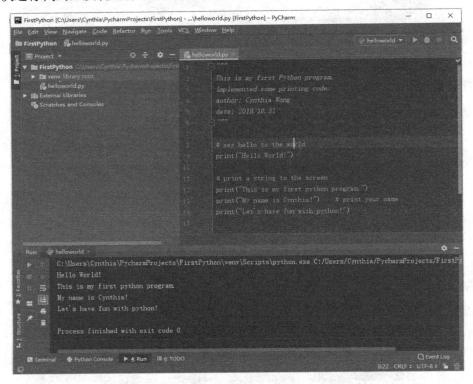

图 1-39   带单行注释的 helloworld 程序运行结果

这就是 Python 编程注释的使用方法。在编程过程中，除了可以给代码添加说明以外，在调试过程中，还可以使用注释说明暂时不需要使用的代码。

1.4.7   代码缩进

在本书的 Python 简介部分提到 Python 依赖于缩进来控制代码结构。Python 不像 C 语言，使用花括号来标明代码块，Python 唯一的分隔符是一个冒号":"，再就是代码的缩进。

代码块是通过它们的缩进来定义的。"代码块"包含函数、if 语句、for 循环、while 循环等。开始缩进表示一层代码块的开始，取消缩进表示代码块的结束。不存在明显的括号、大括号或关键字。Python 中对于语句对齐有严格的要求，不对齐将导致程序运行出现错误。

C 语言代码缩进示例。

```
if (x) {
    if (y) {
        f1()
    }
    f2()
}
```

Python 代码缩进示例。

```
if x:
    if y:
        f1()
    f2()
```

而且，惯例是使用 4 个空格（不是〈Tab〉键）缩进一个级别。其实，这不仅是一个约定，它实际上是一个必要条件。遵循该"约定"将使 Python 代码与其他来源的代码的合并变得更加容易。

修改前面的 helloworld.py 程序，如下。

```
def hello():
    # say hello to the world
    print("Hello World!")
    # print a string to the screen
    print("This is my first python program.")
    print("My name is Cynthia!")        # print your name
    print("Let's have fun with python!")
hello()
```

代码运行结果与前面一样。

注意：因为使用的是 PyCharm 工具编写 Python 程序，所以在编写代码过程中是可以使用〈Tab〉键生成 4 个空格来实现代码缩进的，因为 PyCharm 会自动将〈Tab〉键转换成 4 个空格。

1.5　任务实现

下面通过两个方法介绍"Hello World"程序的实现与运行。

1. 直接使用 print() 函数输出字符串到屏幕

```
"""
This is my first Python program.
Implemented some printing code.
```

```
author: Cynthia Wong
date: 2018.10.31
"""
# say hello to the world
print("Hello World!")
# print a string to the screen
print("This is my first python program.")
print("My name is Cynthia!")        # print your name
print("Let's have fun with python!")
```

程序运行结果如图 1-40 所示。

图 1-40　helloworld 运行结果（实现一）

2．将打印代码封装到函数中

```
"""
This is my first Python program.
Implemented some printing code.
author: Cynthia Wong
date: 2018.10.31
"""
def hello():
    # say hello to the world
    print("Hello World!")
    # print a string to the screen
    print("This is my first python program.")
    print("My name is Cynthia!")        # print your name
    print("Let's have fun with python!")
hello()
```

程序运行结果如图 1-41 所示。

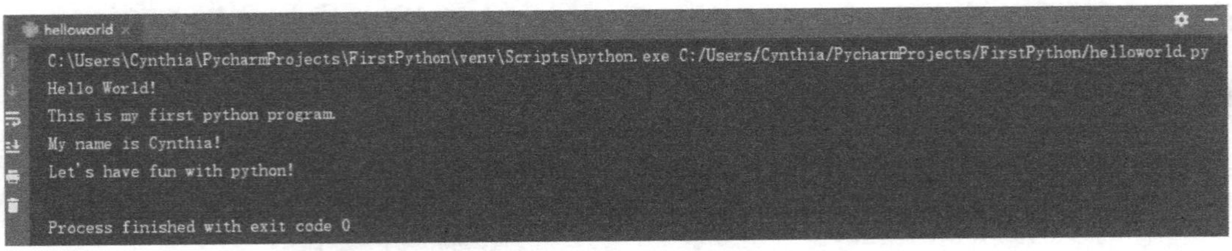

图 1-41　helloworld 运行结果（实现二）

1.6 小结

通过本章内容的学习，了解了 Python 编程语言的起源与发展，以及语言特点。本章还详细阐述了 Python 分别在 Windows 10、CentOS 7.5 和 Mac OS 操作系统下的安装与配置步骤。然后详细介绍了通过 PyCharm IDE 工具编写 Hello World 程序的步骤和方法，以及 PyCharm 工具的简单使用。并通过示例，详解了 Python 编程的 print 方法、代码注释以及代码缩进。

1.7 习题

1. 练习使用 PyCharm 的 Python Console 输出如下内容。

   爱我中华！
   天生我材必有用，千金散尽还复来。
   Hello World!
   I like Python Programing!

2. 练习使用 PyCharm 的 Python Console 计算如下表达式。
   （1）20 + 30
   （2）50 / 2
   （3）50 / 3
   （4）2 * 9
   （5）1.5 + 2

3. 在文件中编程，使用 print()函数打印如下语句，并添加相应注释代码。

   梅花
   [宋] 王安石
   墙角数枝梅，凌寒独自开。
   遥知不是雪，为有暗香来。

   卜算子 咏梅
   [宋] 陆游
   驿外断桥边，寂寞开无主。
   已是黄昏独自愁，更著风和雨。
   无意苦争春，一任群芳妒。
   零落成泥碾作尘，只有香如故。

4. 如果代码块缩进不规范，程序能运行成功吗？修改 helloworld.py 程序，将代码缩进修改不一致，并运行程序，查看结果如何。

5. 在文件中，编程实现：提示用户输入姓名、年龄、学号、班级、专业信息，并将所有信息输出到屏幕。

任务 2　Python 基础——计算器程序

任务目标

◆ 掌握 Python 的编程基础，如变量、数据类型、表达式和运算等。

◆ 实现一个简单的计算器程序，计算器程序能够实现简单的加、减、乘、除功能，并输出计算结果。

2.1　任务描述

通过前一章的内容，了解了 Python 编程语言的起源和发展，以及特点。并掌握了 PyCharm IDE 工具的简单使用。然后使用 PyCharm 创建了第一个项目，并实现了第一个简单的 Hello World 程序。本章将进入 Python 编程基础的学习，并完成计算器程序的实现。

下面是计算器程序主要功能的描述，该程序实现了简单的加、减、乘、除功能，只支持整数的运算。输出程序说明及帮助信息。

1）输出计算器支持的运算功能。

2）等待用户输入，选择运算功能。

3）提示用户输入左操作数和右操作数。

4）根据用户输入计算，并输出结果。

2.2　值和变量

2.2.1　变量和变量赋值

在编程语言中，变量（variable）是有名字的用于存储值的内存地址，每个变量的名字必须是唯一的，这就是标识符（Identifiers）。下面的示例用一个变量存储一个整数，然后将值打印到屏幕上。

```
>>> count = 50
>>> print(count)
50          # 输出结果
```

示例包含两行语句。

1）count = 50。赋值语句，将等号右边的整数 50 存储到变量 count 中。赋值语句的关键是等号=运算符，等号左边是变量名，等号右边是存储在变量中的值。

2）print(count)。打印语句，将变量 count 中的值打印到屏幕上。注意，这里 count 变量是不需要引号的。如果需要直接打印字符串到屏幕就需要加引号。就像前面的"Hello World"程序。

```
>>> print("Hello World")
Hello World          # 输出结果
```

2.2.2 标识符

1．标识符

标识符（Identifiers）也叫名称。用于命名变量、函数、类等。变量名就是标识符的一个示例。在后面的章节，读者会了解到更多的标志符，如函数、类和方法等。标识符可包含字母（A~Z 或者 a~z）、下画线和数字等，但不能以数字开头。以下是命名规则。

1）必须包含至少一个字母。

2）大小写敏感。

3）长度任意。

4）不能与关键字同名。

5）不允许出现空格。

6）以下画线开头和结尾的标识符是有特殊意义的变量。

① _*，以单下画线开头的，表示模块变量或函数是 protected 的，不能直接访问的类属性，不能通过 from module import *导入，需要通过类提供的接口进行访问。当在交互式解释器模式下时，_ 这个特殊标识符存储了上一次计算的结果，_ 存储在 builtins 模块中。

② __*__，系统定义的名称。这些名称由解释器及其实现（包括标准库）定义，如__init__。

③ __*，以双下画线开头的变量，是类中私有的变量名。

2．PEP

Python 增强建议书（Python Enhancement Proposal，PEP），其中的 PEP-8 是 Python 的编程规范，部分命名规范如下。

1）避免使用的字符：不使用小写字母"l"（大写是 L），大写字母"O"（小写是 o），或者大写字母"I"（小写是 i）作为变量名。因为在某些字体中，这些字母与数字 1 和 0 没有区别。当想用小写字母"l"的时候，可以用大写字母"L"代替。

2）包和模块名规范：模块名，应该简单、全部小写。可以通过在模块名中加入下画线来提高可读性，例如：add_caculator。Python 的包也应该是简短的、全小写的名字，尽量不使用下画线，例如：smallcaculator。

3）类名规范：类名通常使用 CapWords 规范，将所有单词的首字母大写，例如：class CookiePolicy。

4）函数和变量名：函数名应该全部小写，必要时，单词之间使用下画线隔开以提高代码可读性。变量名的规范同函数名。

5）方法名和实例变量名：方法名使用函数命名规则，小写。必要时，单词之间使用下画线隔开以提高代码可读性。对于非公共实例，使用一个下画线开头。

6）常量：常量通常在模块级别定义，并以全部大写字母命名，使用下画线分隔以提高可读性。

3．关键字

Python 关键字（Keywords or Reserved Words）是具有特殊含义，而且不能用于命名任何变量、函数、类等的预先内部占用的字符。关键字也被称为保留单词，它们实际上是为

Python 自身功能保留的。以下标识符用作保留字或该语言的关键字，不能用作普通标识符。它们必须完全按照这里的样式拼写，Python 关键字见表 2-1。

表 2-1　Python 关键字

关键字	说　　明
class	Python 面向对象编程中的类
as	经常同 import 以及 with 配合使用，用新的名称来代替导入或打开的对象
and	逻辑与操作符
assert	检查语句是否为 True
break	用来跳出循环操作，比如 for、while 循环
continue	中止当前循环的该次操作，跳到循环的下一次操作
def	定义函数关键字
del	删除对象操作符
elif	循环条件检查，意思与 else if 相同
else	当 if 条件不为 True 的时候，else 里面的语句就会被执行
except	处理异常
finally	finally 从句中的内容无论异常是否发生都会被执行，用来做一些清理工作
for	for 循环
from	导入 Python 模块，语法为 from ... import ...
global	声明一个全局变量
if	if 声明，当条件为 True 时，if 下的语句才会被执行
import	从模块中导入函数、类或者变量
in	成员对象检查操作符；遍历序列中的对象，for x in SequenceObject
is	检查两个变量是否指向同一内存对象
lambda	创建 lambda 函数，也称为匿名函数
not	逻辑非操作符
or	逻辑或操作符
pass	空操作符，类似于汇编语言中的 nop
raise	触发异常
return	返回，从函数中返回
try	try...except 检查 try 语句中的错误，有错误的话，except 会捕获并处理异常
while	while 循环
with	替代 try...finally...
yield	类似于 return，但返回的是一个生成器 generator
nonlocal	声明变量为非内部变量，在嵌套式的函数中，变量被声明为 nonlocal 后，该变量可被外层的函数调用
None	空变量 null
True	布尔值-真
False	布尔值-假

4. 内置

除了关键字之外，Python 还有可以在任何一级代码使用的"内置（built-in）"的名字集合，这些名字可以由解释器设置或使用。自定义标识符时，不能使用这些内置的名字集。

built-in 是 builtins 模块的成员，在程序开始或在交互解释器中输出"＞＞＞"提示之前，由解释器自动导入，在任何一级的 Python 程序中不需要引用就可以直接使用，比如 print()函数、int()函数等。

2.2.3 使用 PyCharm 创建 PythonPractices 项目

使用 PyCharm 创建计算器项目，项目名称为 PythonPractices，本书中后面的示例代码均放在 PythonPractices 项目中实现。操作步骤如下。

1）选择"File"→"New Project"菜单命令，创建 PythonPractices 项目，如图 2-1 所示。

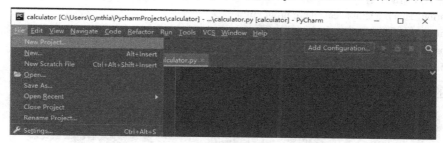

图 2-1　使用 PyCharm 新建项目

2）配置新项目名称为 PythonPractices，项目解释器使用默认的虚拟环境，如图 2-2 所示。

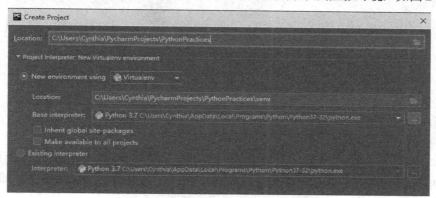

图 2-2　配置项目名称为 PythonPractices

3）PythonPractices 项目创建成功，如图 2-3 所示。

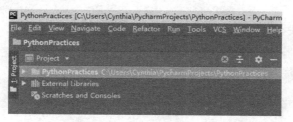

图 2-3　项目 PythonPractices 创建成功

2.2.4 输出计算器帮助内容

在项目 PythonPractices 中创建 calculator.py 程序文件，并添加注释，编写打印计算器程序帮助信息的代码，代码内容如下。

```
#!/usr/bin/env python

"""
Copyright 2018 by Cynthia Wong
This is a simple calculator program
Implemented functions of addition, subtraction, multiplication and division
"""
# 打印帮助信息
print("This is a simple calculator program!")
print("Implemented functions of addition, subtraction, multiplication and division.")
print("Enter the value as prompted.")
print("Choose operator as prompted.")
```

上面的代码运行结果如图 2-4 所示。

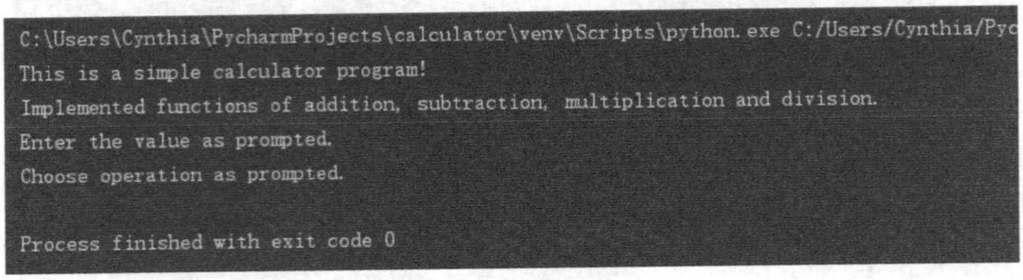

图 2-4　项目 calculator 程序帮助信息运行结果

代码的第一行"#!/usr/bin/env python"叫作 shebang 行，放在脚本的第一行，以"#!"开头，用来告诉类 UNIX 操作系统要用 shebang 后面指定的解释器来解释该脚本。当在命令行执行脚本时不需要手动输入 python，或者可以双击脚本，系统会利用 shebang 行提供的信息调用相应的 Python 解释器，然后独立执行脚本。

print() 函数是一个内置函数，存储在 builtins.py 中，作用是打印对象内容。打开 calculator.py 程序文件，在编辑区域，按住<Ctrl>键不放，然后单击 print 函数，即可快速跳转到 print() 函数在 builtins.py 文件中定义的位置，如图 2-5 所示。

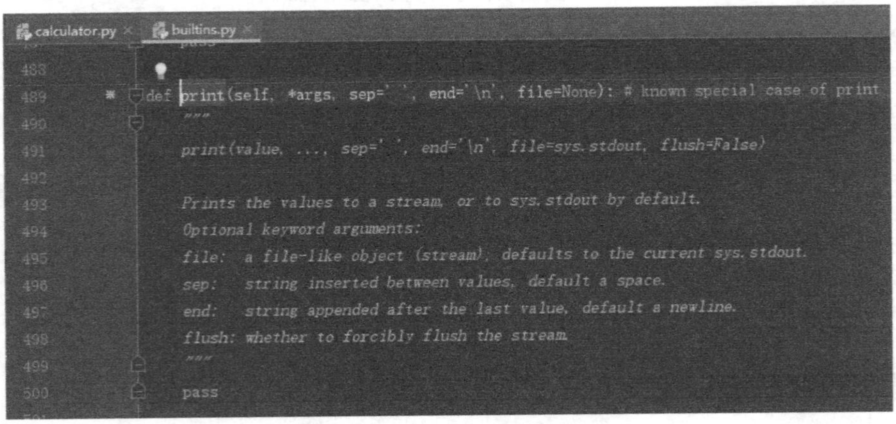

图 2-5　print() 函数的定义

print() 函数打印对象内容到流文件，以 sep 参数分隔，以 end 参数结尾，以及是否强制 flush 流，具体实现格式如下。

```
print(*objects, sep=' ', end='\n', file=sys.stdout, flush=False)
```

print() 方法的参数详细信息如下。

- objects：需要打印的对象。
- sep：分隔符 separator 的缩写，object 间的分隔符，默认是空格（space）。
- end：追加到内容最后的字符串，默认是换行符 "\n"。
- file：类似文件的对象，默认是 sys.stdout，标准输出流，通常指向控制台。因此，当使用 print() 函数打印内容时，用户能直接看到打印结果。

下面举例说明 print() 函数的用法。

1）输出字符串和数字。

```
>>> print("Hello World again!")        # 打印字符串
Hello World again!                      # 输出结果
>>> message = "Hello World again!"
>>> print(message)                      # 打印字符串变量
Hello World again!
>>> print(50)                           # 打印数字（可以不需要引号）
50
>>> count = 50
>>> print(count)                        # 打印整数变量
50
```

2）自定义结尾。print()函数会默认自动在行末加上回车符。下面的示例代码使用 for 循环，循环 5 次，打印 0 到 4 的整数。

```
>>> for i in range(5):
...     print(i)
...
0
1
2
3
4
```

也可以自定义结尾字符串，示例如下。

```
>>> for i in range(5):
...     print(i, end="*")
...
0*1*2*3*4*
```

print()函数自定义间隔符，print()函数可以一次打印多个值，默认值之间使用空格隔开。也可以通过设置 sep 参数自定义分隔符。

```
>>> print(0, 1, 2, 3, 4, end="!")
0 1 2 3 4!>>> print(0, 1, 2, 3, 4, sep="/", end="!")    # 第一次打印时未换行，因为 end 参数为 "!"
```

2.2.5 等待用户输入

前面内容的讲到，可以通过 print() 函数将内容输出到控制台。但是，如何让用户输入信息到计算机呢？Python 提供了内置函数 input()，可以等待用户输入字符串，当用户输入内容，按下回车键后，即可将用户输入的内容存储到指定的变量里。比如等待用户输入用户的名字，并将其存入到变量 name 里。

```
>>> name = input()
>? Cynthia Wong
>>> name
'Cynthia Wong'
```

提示：在 Python 交互模式下，直接在提示符 ">>>" 后面输入变量名，然后按〈Enter〉键，即可显示变量内容到控制台。这与通过 print() 函数打印出结果是有区别的，以下是通过 print() 函数打印的示例，打印结果没有单引号。但如果是直接输入数字变量，也不会有单引号，结果与 print() 函数的结果一样。

```
>>> name = input()
>? Cynthia Wong
>>> print(name)
Cynthia Wong
>>> cars = 50
>>> cars
50
```

2.3 内置数据类型

Python 解释器支持很多内置的类型（Built-in Types）。Python 3 主要的内置类型有数值、序列、映射、类、实例和异常等。本节将介绍主要的内置数值类型，序列类型和映射类型。数值类型介绍整数、浮点数和复数；序列类型介绍字符串、列表和元组；映射类型介绍字典。

2.3.1 数值类型

Python 3 支持的数值类型有整数、浮点数、复数。此外，布尔值是整数的子类型。
通过内置的 type()函数可以查询变量存储的对象类型。

1．整数
通过文字、内置函数或运算符的结果均可以创建整数。
1）文字书写创建整数。

```
>>> cars = 100
>>> cars
100
>>> type(cars)                    # 查询变量 cars 的类型
```

```
<class 'int'>
>>> hex_nu = 0xe8                    # 十六进制
>>> hex
232                                  # 十进制结果
>>> octal_num = 0o421                # 八进制
>>> octal_num
273                                  # 十进制结果
```

2）通过运算符的结果创建整数。

```
>>> sum = 50 + 100
>>> sum
150
```

3）通过 int()创建整数。内置类 int() 可以将类型为数字或字符串的值转换成十进制整数类型。class int(x, base=10)的 x 参数是待转换的内容，base 参数是基数，如果 base 不给定，则 x 参数必须是整数的字符串，或者标明基数的数，如 16 进制 0xe8。如果给定了 base 值，则 x 必须是基数对应的字符串，表示进制的前缀可以省略。

```
int()                                # 如果不给定任何参数，则返回结果为 0
0
>>> int(0xe8)                        # 将 16 进度转换成 10 进制
232
>>> int("10")                        # 将字符串 "10" 转换成 10 进制
10
>>> int("10", base=16)               # 将 16 进制的字符串"10"转换成 10 进制
16
>>> int(0x10)                        # 将 16 进制转换成 10 进制
16
>>> int("10", base=8)                # 将 8 进制的字符串"10"转换成 10 进制
8
>>> int(0o10)                        # 将 8 进制转换成 10 进制
8
>>> int("3e8", base=16)              # 将 16 进制的字符串"3e8"转换成 10 进制
1000
```

2. 浮点数

编程过程中，很多时候都需要用到浮点数，比如说计算圆面积公式是 $A = \pi r^2$，其中 $\pi \approx 3.14159$，3.14159 就是浮点数。

1）文字书写创建浮点数。

2）在交互模式下运行如下代码。

```
>>> pi = 3.14159
>>> pi
3.14159
```

3）通过运算创建浮点数。

```
>>> 2 / 3
```

```
0.6666666666666666
>>> 2 + 3.0
5.0
```

4）通过 float() 创建浮点数。内置类 float() 可以将数字或字符串转换为浮点数。class float([x])的 x 参数是待转换的内容。

```
>>> float()                        # 如果不传入 x 参数，则返回结果为 0.0
0.0
>>> float(50)
50.0
>>> float('+1.23')
1.23
>>> float('-12345\n')
-12345.0
>>> float('1e-003')
0.001
>>> float('+1E6')
1000000.0
>>> float('-Infinity')             # 负无穷
-inf
```

3．复数

复数包括实部和虚部，如 a + bj，其中 a 和 b 分别表示为复数的"实部"和"虚部"。在 Python 使用"J"或"j"表示复数，如：1+2j。

1）文字书写创建复数。

```
>>> complex_value = 1 + 2j
>>> complex_value
(1+2j)
>>> type(complex_value)
<class 'complex'>
```

2）通过 complex() 创建。内置类 complex()，如果传入有实部和虚部的参数，则返回一个实数；如果传入的是字符串，则将字符串转换成实数。class complex([real[, imag]])的 real 参数是实部，imag 参数是虚部。

```
>>> complex(1, 2)
(1+2j)
>>> complex("1+2j")
(1+2j)
```

注意：当传入的参数是虚拟字符串时，中间不能有空格，以下代码是错误的。

```
>>> complex("1 + 2j")
Traceback (most recent call last):
    File "<input>", line 1, in <module>
ValueError: complex() arg is a malformed string
```

2.3.2 字符串

1．字符串编码

字符串比较特殊是因为有编码问题。因为计算机只能处理数字，如果要处理文本，就必须先把文本转换为数字才能处理。最早的计算机在设计时采用 8 个比特（bit）作为 1 个字节（byte），所以，1 个字节能表示的最大整数就是 255（二进制 11111111＝十进制 255），如果要表示更大的整数，就必须用更多的字节。比如两个字节可以表示的最大整数是 65535，4 个字节可以表示的最大整数是 4294967295。

最早只有 127 个字符被编码到计算机里，包括大小写英文字母、数字和一些其他符号，这个编码被称为 ASCII 编码，比如大写字母 A 的编码是 65，小写字母 z 的编码是 122。但是要处理中文显然一个字节是不够的，至少需要两个字节，而且还不能和 ASCII 编码冲突。所以，我国制定了 GB2312 编码，用于汉字的编码。日本把日文编到 Shift_JIS 里，韩国把韩文编到 Euc-kr 里，各国有各自的标准，就不可避免地出现了冲突，导致在多语言混合的文本中，显示出来会有乱码。

因此，Unicode 应运而生。Unicode 把所有语言都统一到一套编码里，这样就不会有乱码问题了。Unicode 标准也在不断发展，常用的是用两个字节表示一个字符（如果要用到非常偏僻的字符，就需要 4 个字节）。现代操作系统和大多数编程语言都支持 Unicode。ASCII 编码和 Unicode 编码的区别：ASCII 编码是 1 个字节，而 Unicode 编码通常是两个字节。

字母 A 用 ASCII 编码是十进制的 65，二进制的 01000001；字符 0 用 ASCII 编码是十进制的 48，二进制的 00110000；汉字"中"已经超出了 ASCII 编码的范围，用 Unicode 编码是十进制的 20013，二进制的 01001110 00101101。如果把 ASCII 编码的 A 用 Unicode 编码，只需要在前面补 0 即可，因此，A 的 Unicode 编码是 00000000 01000001。

新的问题又出现了：如果都统一成 Unicode 编码，乱码问题是消失了，但如果文本基本上全部是英文的话，用 Unicode 编码比 ASCII 编码需要多一倍的存储空间，在存储和传输上就十分不利。所以，出现了把 Unicode 编码转化为"可变长编码"的 UTF-8 编码。UTF-8 编码把 Unicode 字符根据不同的数字大小编码成 1～6 个字节，常用的英文字母被编码成 1 个字节，汉字通常是 3 个字节，只有很生僻的字符才会被编码成 4～6 个字节。如果传输的文本包含大量英文字符，用 UTF-8 编码就能节省空间。ASCII、Unicode 和 UTF-8 编码对比见表 2-2。

表 2-2　ASCII、Unicode 和 UTF-8 对比表

字符	ASCII	Unicode	UTF-8
A	1000001	00000000 01000001	1000001
中	-	01001110 00101101	11100100 10111000 10101101

2．Python 字符串

Python 3 字符串是以 Unicode 编码的，也就是说，Python 的字符串支持多语言。Python 通过 str 对象或字符串处理文本数据。字符串是不可变序列。

1）文字书写字符串，字符串的字面值的书写方法多种多样，示例如下。

● 单引号：'allows embedded "double" quotes'（允许嵌套双引号）。
● 双引号："allows embedded 'single' quotes"（允许嵌套单引号）。

● 三引号："'Three single quotes'", """Three double quotes"""（单双引号均可）。

2）三引号的字符串，可以换行，同时输入的空格也是包含在字符串中的。

3）一个表达式中的多个字符串，中间以空格分隔，将隐式地转换为单个字符串。如：("Hello" "World!") == "HelloWorld!"。

```
>>> print("你好，世界！(Hello World!)")          # 包含中文的字符串
你好，世界！(Hello World!)
>>> print( 'allows embedded "double" quotes')      # 嵌套双引号的字符串
allows embedded "double" quotes
>>> print("allows embedded 'single' quotes")      # 嵌套单引号的字符串
allows embedded 'single' quotes
>>> print("""
...         Hello World!         你好，世界！
...         这是一个三引号字符串！""")              # 注意输出结果第一行是空行

         Hello World!         你好，世界！
         这是一个三引号字符串！
```

4）通过 str()构造函数创建字符串。Python 3 中的 str() 是一个内置类，用于将对象转换成字符串。str()提供两种语法形式，分别是 str(object='')和 str(object=b'', encoding='utf-8', errors='strict')。

str(object='')：会生成对象的字符串表示形式，并返该字符串；当参数为空时，返回一个空字符串。

str(object=b'', encoding='utf-8', errors='strict')：将一个字节对象转换为字符串；必须提供两个以上的参数，如果只提供 object=b'' 参数，则相当于 str(object='')。

```
>>> pi = 3.14159
>>> str(pi)
'3.14159'
>>> pi
3.14159
>>> msg = b"Hello World!"            # 这是一个字节对象
>>> msg
b'Hello World!'
>>> str(msg)                         # 当只传入一个参数时，b 被当成了普通字符
"b'Hello World!'"
>>> str(msg, encoding='utf-8')       # 当传入两个参数时，字节被转换成了字符串
'Hello World!'
```

3．格式化输出

这是一个常见的问题，我们经常需要输出类似"姓名：xxx；联系方式：xxx"的字符串，而其中的 xxx 内容是根据变量的值来动态获取的。这时候就需要格式化输出字符串。Python 中使用"%"实现格式化输出。

1）格式化输出整数。

```
>>> len("Hello World again!")        # len() 函数得到字符串的长度
18
```

```
>>> line = "the length of (%s) is %d" % ("Hello World again!", len("Hello World again!"))
>>> print(line)
the length of (Hello World again!) is 18
```

Python 字符串格式化符号，见表 2-3。

表 2-3　Python 字符串格式化符号

符　号	描　述
%c	格式化字符及其 ASCII 码
%s	格式化字符串
%d	格式化整数
%u	格式化无符号整型
%o	格式化无符号八进制数
%x	格式化无符号十六进制数
%X	格式化无符号十六进制数（大写）
%f	格式化浮点数字，可指定小数点后的精度
%e	用科学计数法格式化浮点数
%E	作用同%e，用科学计数法格式化浮点数
%g	%f 和%e 的简写
%G	%f 和%E 的简写
%p	用十六进制数格式化变量的地址

2）格式化输出十六进制、十进制、八进制整数。

```
>>> hex_num=0x3E8          # hex_num 变量中存储的是八进制的整数
>>> print("hex: %x, decimal: %d, octal: %o" % (hex_num, hex_num, hex_num))
hex: 3e8, decimal: 1000, octal: 1750
```

3）格式化输出浮点数。

```
>>> pi = 3.141592653
>>> print('%10.3f' % pi)              # 字段宽 10，精度 3
     3.142
>>> print('%010.3f' % pi)            # 用 0 填充空白
000003.142
>>> print('%-10.3f' % pi)            # 左对齐
3.142
>>> print('%+f' % pi)                # 显示正号
+3.141593
>>> pi = -3.141592653
>>> print('%+f' % pi)                # 显示负号
-3.141593
```

2.3.3　列表

在前面的章节使用的变量一次只能使用一个值。一次只能代表一个值的变量有其局限性，如下示例程序，需要定义变量 5 次。

```
num1 = 23
num2 = 57
num3 = 8
num4 = 22
num5 = 13
sum_ret = num1 + num2 + num3 + num4 + num4
print("The sum result of %d + %d + %d + %d + %d is %d!" % (num1, num2, num3, num4, num5,
sum_ret))
```

程序执行结果，如图 2-6 所示。

图 2-6　运行结果

使用列表（List）即可解决多次定义的问题，减少代码量。列表是 Python 中一种基础的序列类型，列表通过逗号分隔各项数据，并使用方括号括起来。列表的元素可以是任意的对象，如字符串、数字，也可以是列表，这就是列表的嵌套，Python 支持列表多层嵌套。列表元素也可以是字典、元组、集合，还可以是函数、类。列表定义示例如下。

```
list_name = ["Cynthia", "Tom", "Bill", "Jack"]          # 列表元素为字符串
list_order = [1, 2, 3, 4, 5 ]                            # 列表元素为数字
list_char = ["a", "b", "c", "d"]                         # 列表元素为字符串
list_mix = ["Cynthia", 18, 170, "Chongqing"]            # 列表元素为数字和字符串混合
list_multi = [1, 2, 3, 4, 5, ["a", "b", "c"]]           # 列表嵌套
```

列表中，每项元素都自动分配了一个数字作为它的位置，也叫作索引。第 1 个索引是 0，第 2 个索引是 1，依此类推。序列可以进行的操作包括索引、切片、加、乘、检查成员等。

1．访问列表的值

使用下标索引（格式示例：[1]，方括号加索引号）可以访问列表中对应位置的值，还可以使用冒号形式截取字符（也就是切片），索引和切片示例如下。

```
>>> list_nums = [50, 20, 30, 70, 90, 100]        # 定义列表
>>> list_nums[0]            # 访问第 1 个值 50，下标索引为 "0"
50
>>> list_nums[5]            # 访问第 6 个值 100，下标索引为 "5"
100
>>> list_nums[-1]           # 索引使用负数，可以倒序访问列表中的值，-1 表示最后 1 个值
100
>>> list_nums[-3]           # 索引值 "-3"，访问倒数第 3 个值
70
>>> list_nums[1:4]          # 切片访问，"1:4" 访问索引 1，2，3 的值，注意：不包含索引 4
```

```
[20, 30, 70]
>>> list_nums[1:]
[20, 30, 70, 90, 100]              # 如果不指定结束索引，则取到最后 1 个值
>>> list_nums[:3]                  # 也可以不指定开始索引，则从第 1 个值开始取
[50, 20, 30]
>>> list_nums[:]                   # list_nums 等同于 list_nums[:]
[50, 20, 30, 70, 90, 100]
```

嵌套列表涉及多层，下面示例中的列表是一个 3 层列表，第 2 层和第 3 层数据的访问见示例代码。

```
>>> list_multi = [1, 2, 3, ["a", "b", "c", [10, 11, 13]]]      # 3 层列表
>>> list_multi[3][1]                    # 访问第 2 层列表的第 2 个元素
'b'
>>> list_multi[3][3][2]                 # 访问第 3 层列表的第 3 个元素
13
```

2. 修改列表

列表是可变序列，通过以下 3 种变法可以更新列表内容。

1）通过索引修改指定元素的值。通过重新赋值列表指定位置的值，更新列表元素。

```
>>> list_nums = [50, 20, 30, 70, 90, 100]      # 定义列表
>>> list_nums[2] = 60                # 更新第 3 个元素 "30" 的值为 "60"
>>> list_nums
[50, 20, 60, 70, 90, 100]            # 列表的内容已经被更新
```

2）通过 append 函数添加列表项。append 是附加的意思，使用 append 函数可向列表 list_nums 中追加元素，append 参数的值会被追加到列表最后。append 函数的使用格式：xxx.append(x)，其中 xxx 是列表变量名，x 是要追加的元素。如果 append 的参数是一个列表，则此列表会被作为 list_nums 的一个元素追加到最后。

```
>>> list_nums = [50, 20, 30, 70, 90, 100]
>>> list_nums.append(80)             # 80 被追加到 list_nums 的最后
>>> list_nums
[50, 20, 30, 70, 90, 100, 80]
>>> list_nums.append(["a", "b", "c"])      # ["a", "b", "c"] 列表作为 list_nums 的一个元素
>>> list_nums
[50, 20, 30, 70, 90, 100, 80, ['a', 'b', 'c']]
```

3）通过 expand 函数扩展列表项。expand 是扩展的意思，通过 expand 函数扩展列表的元素，expand 的参数是一个列表，参数的值会被拼接到列表之后。

```
>>> list_nums = [50, 20, 30, 70, 90, 100]
>>> list_nums.extend(["a", "b", "c"])      # "a", "b", "c" 3 个元素被扩展到 List_nums 中
>>> list_nums
[50, 20, 30, 70, 90, 100, 'a', 'b', 'c']      # 扩展后的列表内容
```

3. 删除列表元素

删除列表元素的方法有两种：一种是通过 del 语句，使用格式为 del xxx[i]，其中 xxx 是列表变量名，i 是要删除元素的索引；还可以通过列表的 remove 函数删除指定的元素，使用

格式为 xxx.remove(x)，其中 xxx 是列表的变量名，x 是要删除的元素值。通过 del xxx 还可以将整个列表删除。

```
>>> list_nums = [50, 20, 30, 70, 90, 100, ['a', 'b', 'c']]
>>> del list_nums[0]                # del 删除列表中的第 1 个元素 "50"
>>> list_nums
[20, 30, 70, 90, 100, ['a', 'b', 'c']]
>>> del list_nums[5][0]             # del 删除二级列表中的第 1 个元素 "a"
>>> list_nums
[20, 30, 70, 90, 100, ['b', 'c']]
>>> list_nums.remove(20)            # 使用 remove 删除列表中的 20
>>> list_nums
[30, 70, 90, 100, ['b', 'c']]
>>> list_str = ["a", "b", "a", "c", "a"]
>>> list_str.remove("a")            # 使用 remove 删除列表中的元素 "a"
>>> list_str
['b', 'a', 'c', 'a']                # 从结果可以看出，remove 会删除第一次遇到的 "a"
>>> list_str.remove("a")
>>> list_str
['b', 'c', 'a']
>>> del list_str                    # 使用 del 删除整个列表
>>> list_str                        # 再次访问 list_str 变量后，报 NameError
Traceback (most recent call last):
    File "<input>", line 1, in <module>
NameError: name 'list_str' is not defined
```

4. 列表内置函数

与列表相关的其他函数见表 2-4。

表 2-4　列表相关函数

序号	函数	作用
1	cmp(list1, list2)	比较两个列表的元素
2	len(list)	列表元素个数
3	max(list)	返回列表元素最大值
4	min(list)	返回列表元素最小值
5	list(seq)	将元组转换为列表

5. 列表类的内置方法

列表类支持的方法见表 2-5。

表 2-5　列表类的内置方法

序号	方法	作用
1	list.append(obj)	在列表末尾添加新的对象
2	list.count(obj)	统计某个元素在列表中出现的次数
3	list.extend(seq)	在列表末尾一次性追加另一个序列中的多个值（用新列表扩展原来的列表）

序号	方法	作用
4	list.index(obj)	从列表中找出某个值第一个匹配项的索引位置
5	list.insert(index, obj)	将对象插入列表
6	list.pop([index=-1])	移除列表中的一个元素（默认最后一个元素），并且返回该元素的值
7	list.remove(obj)	移除列表中某个值的第一个匹配项
8	list.reverse()	反向列表中的元素
9	list.sort(cmp=None, key=None, reverse=False)	对原列表进行排序

2.3.4　元组

Python 的元组（tuple）与列表类似，也是一种序列类型，不同之处在于元组的元素不能修改。追加、修改等操作都不适用于元组，元组的值创建后只能使用，不能再修改。元组使用圆括号，列表使用方括号。元组创建很简单，只需要在括号中添加元素，并使用逗号隔开即可。同样，元组的元素可以是任意对象，还可以是另一个元组。

```
>>> tuple_nums = (1, 2, 3, 4, 5)                    # 由数字创建的元组
>>> tuple_nums
(1, 2, 3, 4, 5)
>>> tuple_strs = ("Cynthia", "Bill", "Jack", "Ted")    # 由字符串创建的元组
>>> tuple_strs
('Cynthia', 'Bill', 'Jack', 'Ted')
>>> tuple_mix = ("Cynthia", "Bill", "Jack", (1, 2, 3))    # 元组中包含另 1 个元组
>>> tuple_mix
('Cynthia', 'Bill', 'Jack', (1, 2, 3))
```

1．访问元组的值

与列表一样，元组可以通过下标索引的方式访问元组中的值，同时也可以对元组进行切片。

```
>>> tuple_nums = (1, 2, 3, 4, 5)
>>> tuple_nums[0]               # 访问元组中的第 1 个元素
1
>>> tuple_nums[-1]              # 访问元组中的最后 1 个元素
5
>>> tuple_nums[2:4]            # 访问元组中的索引 2 到 4 的元素（不包含索引 4）
(3, 4)
>>> tuple_nums[2:]             # 访问元组中的索引 2 到最后 1 个索引的所有元素
(3, 4, 5)
>>> tuple_nums[:3]            # 访问元组中的索引 0 到 3 的元素（不包含索引 3）
(1, 2, 3)
>>> tuple_nums[:]            # tuple_nums[:]等同于 tuple_nums
(1, 2, 3, 4, 5)
```

2．删除整个元组

元组中的元素虽然不能修改，也不能删除，但可以使用 del 语句删除整个元组。当元组被删除后，再访问元组变量名时，将提示名字未定义的错误。

注意：当元组只有一个元素时，元素后面的逗号","不能省略，否则元组会被处理成一个单个值，而不是元组对象，具体代码如下。

```
>>> tuple_single = ("test")
>>> tuple_single
'test'
>>> type(tuple_single)
<class 'str'>
>>> tuple_single = ("test",)
>>> tuple_single
('test',)
>>> type(tuple_single)
<class 'tuple'>
```

2.3.5 字典

字典（Dictionary）是一种映射类型，将可哈希（Hashable）的值（键，key）映射到任意对象（值，value），字典存储的是键值对。映射是可变对象，当前 Python 的字典是唯一的一种映射对象。字典的键值对 key=>value 使用冒号（:）分隔，键值对之间用逗号（,）分隔，整个字典包括在花括号 {} 中。键一般是唯一的，如果重复，则最后的一个键值对会替换前面的，值可以重复。字典的值几乎可以是任意值，值可以取任何数据类型，但键的类型必须是不可变的，如字符串、数字或元组。不可哈希的值，包含列表、字典或其他可变类型的值，不能用作键。

```
>>> score_dict = {}                                              # 创建一个空字典
>>> score_dict = {'Cynthia': 100, 'Bill': '55', 'Jack': '80'}    # 成绩字典示例
>>> score_dict
{'Cynthia': 100, 'Bill': '55', 'Jack': '80'}
>>> score_dict = {'Cynthia': 100, 'Bill': 55, 'Jack': 80, 'Jack': 60}   # 同一键的值会被最后的替换
>>> score_dict
{'Cynthia': 100, 'Bill': 55, 'Jack': 60}
```

字典的值可以是任意对象，当然也可以是另一个字典。

```
>>> course_score = {"Math": 98, "English": 83}
>>> score_dict = {'Cynthia': 100, 'Bill': '55', 'Jack': course_score}    # 字典嵌套
>>> score_dict
{'Cynthia': 100, 'Bill': '55', 'Jack': {'Math': 98, 'English': 83}}
```

1. 访问字典的值

访问字典的方式与列表类似，只不过访问字典时方括号内放的是键。下面的示例，创建了一个存储学生信息的字典，键为学生的姓名，值为学生的 id、class（班级）和 scores（成绩）信息，学生的成绩信息又是一层字典。

```
>>> student_c = {"id": "01", "class": "BigData1701", "scores": {"math": 90, "database": 85}}
>>> student_b = {"id": "02", "class": "BigData1702", "scores": {"math": 85, "database": 92}}
>>> students = {"Cynthia Wong": student_c, "Bill Zhao": student_b}
>>>students["Cynthia Wong"]                              # 访问学生"Cynthia Wong"的信息
```

{'id': '01', 'class': 'BigData1701', 'scores': {'math': 90, 'database': 85}}
```
>>> students["Cynthia Wong"]["class"]          # 访问学生"Cynthia Wong"的班级信息
'BigData1701'
>>> students["Bill Zhao"]["scores"]["math"]    # 访问学生"Bill Zhao"的数学成绩
85
>>> scores = students["Cynthia Wong"]["scores"]   # 先将学生的成绩值存入变量 scores
>>> scores["database"]                          # 再通过变量 scores 访问数据库的成绩值
85
```

如果访问的键在字典中不存在，会出现什么情况？当尝试访问上面示例 students 中不存在的键"test"时，将会得到图 2-7 所示的结果，提示 KeyError: 'test'，表示'test'键错误的意思。

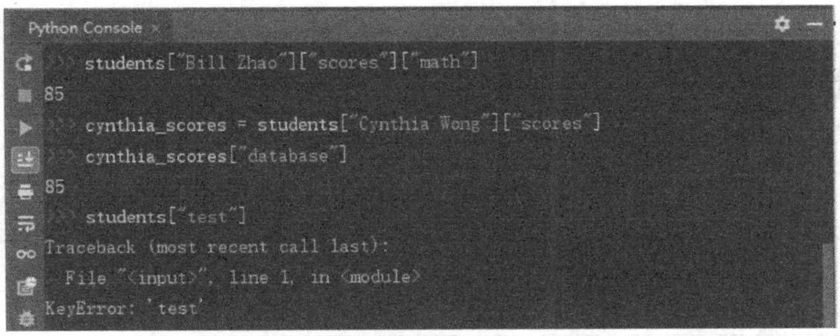

图 2-7　访问字典中不存在的键

2．修改字典

字典是可以修改的，可以修改指定键对应的值，可以向字典中添加新的键值对。修改字典 d 中键 key 的值的格式：d['key'] = new_value，如果键 key 存在，则更新值，如果键 key 不存在，则将新的键值对添加到字典 d 中。示例代码如下。

```
>>> info = {"name": "Cynthia", "age": 18, "height": 170}
>>> info['age'] = 28                    # 修改年龄"age"键的值为：28
>>> info
{'name': 'Cynthia', 'age': 28, 'height': 170}
>>> info["weight"] = 40                 # 添加体重"weight"的键值对
>>> info
{'name': 'Cynthia', 'age': 28, 'height': 170, 'weight': 40}
```

3．删除字典元素

通过 del 语句可以删除指定的键值对，也可以删除整个字典。还可以通过 dict 类的内置方法 dict.pop()删除键值对，用 pop 方法删除键值对后，还会返回键值。也可通过 dict.clear()方法清空整个字典。注意，clear()方法是清空字典内的所有元素，但字典变量还在，只是内容是空的，而 del 语句是删除字典变量。示例代码如下。

```
>>> info = {"name": "Cynthia", "age": 18, "height": 170}
>>> value = info.pop("name")       # 删除"name"键，并将返回值"Cynthia"赋值给 value
>>> info                           # 再次输出 info 的值，"name"键已经不存在
{'age': 18, 'height': 170}
>>> value                          # value 变量存储的是 pop 函数返回的值"Cynthia"
```

```
'Cynthia'
>>> info.clear()
>>> info
{}                                        # 清空后的字典为空
>>> info = {"name": "Cynthia", "age": 18, "height": 170}       # 重新定义 info 字典
>>> del info["age"]                       # 使用 del 语句删除"age"键
>>> info
{'name': 'Cynthia', 'height': 170}        # 输出结果中"age"键值消失
>>> del info                              # 使用 del 语句删除整个字典
>>> info
Traceback (most recent call last):        # 再次访问 info 变量时，报 NameError
    File "<input>", line 1, in <module>
NameError: name 'info' is not defined
```

4. 字典内置函数

Python 字典包含的内置函数，见表 2-6。

表 2-6 字典的内置函数

序号	函　　数	作　　业
1	cmp(dict1, dict2)	比较两个字典元素
2	len(dict)	计算字典元素个数，即键的总数
3	str(dict)	以字符串的形式输出字典的内容
4	type(variable)	返回输入的变量类型，如果变量是字典就返回字典类型

5. 字典类的内置方法

Python 字典类提供的内置方法，见表 2-7。

表 2-7 字典类的内置方法

序号	函　　数	作　　用
1	dict.clear()	删除字典内所有元素
2	dict.copy()	返回一个字典的浅复制
3	dict.fromkeys(seq[, val])	创建一个新字典，以序列 seq 中元素做字典的键，val 为字典所有键对应的初始值
4	dict.get(key, default=None)	返回指定键的值，如果值不在字典中返回 default 值
5	dict.has_key(key)	如果键在字典 dict 里返回 True，否则返回 False
6	dict.items()	以列表返回可遍历的（键，值）元组数组
7	dict.keys()	以列表返回一个字典所有的键
8	dict.setdefault(key, default=None)	和 get() 类似，但如果键不存在字典中，将会添加键并将值设为 default
9	dict.update(dict2)	把字典 dict2 的键值对更新到 dict 里
10	dict.values()	以列表返回字典中的所有值
11	dict.pop(key[,default])	删除字典给定键 key 所对应的值，返回值为被删除的值。key 值必须给出。否则，返回 default 值
12	dict.popitem()	随机返回并删除字典中的一个键值对

2.3.6 集合

Python 的集合（set）和其他语言类似，是一个无序不重复的元素集，基本功能包括关系测试和消除重复元素。同样可以将任意对象作为集合的元素。通过 set 类（参数需要一个可迭代的对象），或者使用花括号，如{'a', 'b'}可以创建集合，但如果是创建空集合，只能使用set()，而不能使用{}，set{}会创建空字典。创建集合时，如果其中有重复的值，结果只会保留一个值。以下是简单的示例。

```
>>> empty_set = set()              # 创建空集合
>>> empty_set
set()
>>> score_set = {90, 80, 75, 89, 85}
>>> print(score_set)
{75, 80, 85, 89, 90}               # 从输入结果可以看出集合的元素与创建时的顺序不一样
>>> score_set = {90, 80, 75, 89, 85, 90, 90, 90, 90}      # 创建集合时，90 重复了 5 次
>>> print(score_set)
{75, 80, 85, 89, 90}               # 查看集合中的结果，只有一个 90
>>> char_set = set('abracadabra')  # 使用字符串创建集合，字符串中的字母会被分解成单个元素
>>> print(char_set)
{'d', 'r', 'c', 'a', 'b'}          # 集合的结果是无序的
>>> names_list = ["Cynthia", "Bill", "Jack"]
>>> names_set = set(names_list)    # 使用一个列表创建集合
>>> print(names_set)
{'Bill', 'Jack', 'Cynthia'}
>>> scores_dict = {"math": 90, "computer": 85}      # 创建字典
>>> courses_set = set(scores_dict)        # 直接使用字典作为 set 的参数，则会创建键的集合
>>> print(courses_set)
{'computer', 'math'}
>>> scores_values = scores_dict.values() # 使用 dict.values() 会得到字典中所有的值
>>> scores_values
dict_values([90, 85])
>>> type(scores_values)
<class 'dict_values'>
>>> scores_set = set(scores_values)       # 使用 scores_dict.values() 创建集合
>>> print(scores_set)
{90, 85}
```

1．添加元素

通过集合类的方法 add()可以添加一个元素到集合。使用格式为 set_name.add(x)，可以将元素 x 加入到集合 set_name 中，如果元素已经在集合中，则不进行任何操作。下面是简单的示例。

```
>>> score_set = {90, 80, 75, 89, 85}        # 创建一个分数集合
>>> score_set.add(70)                       # 向集合中添加元素 70
>>> score_set.add(90)                       # 向集合中添加元素 90
>>> score_set
{70, 75, 80, 85, 89, 90}                    # 从结果可以看出，70 添加成功，90 已经存在
```

除了 add()方法外，集合类还支持 update()方法，可以一次性向集合更新多个元素。使用格式为 set_name.update(x)，参数 x 需要可迭代的序列，支持字符串、列表、元组、字典等。其中要注意的是，字符串也是可迭代的对象。后面会详细介绍什么是迭代。下面通过举例说明 update()方法的使用。

```
>>> score_set = {90, 80, 75, 89, 85}
>>> score_set.update([20, 30])              # 将列表中的元素更新到集合中
>>> print(score_set)
{75, 80, 20, 85, 89, 90, 30}
>>> score_set.update((50, 40))              # 将元组中的元素更新到集合中
>>> print(score_set)
{40, 75, 80, 50, 20, 85, 89, 90, 30}
>>> score_set.update({"a": 1, "b": 2})      # 将字典的 key 更新到集合中（只会使用键）
>>> print(score_set)
{40, 75, 80, 'a', 50, 20, 85, 'b', 89, 90, 30}
>>> score_set.update("cd")                  # 字符串中的 c 和 d 会被作为两个元素插入到集合中
>>> score_set.update(["e", "f"])            # 这里的效果与上一个效果一致，请注意查看结果
>>> print(score_set)
{'e', 'f', 40, 75, 'c', 80, 'a', 50, 20, 85, 'b', 89, 90, 'd', 30}
```

2．移除元素

集合类支持 remove()方法，可以将指定的元素移除集合。使用格式为 set_name.remove(x)，参数 x 是集合中一个存在的元素，如果元素不存在，会报 keyError 错，具体请看下面的示例。

```
>>> str_set = {"Cynthia", "Bill", "Jack"}
>>> str_set.remove("Cynthia")
>>> print(str_set)
{'Bill', 'Jack'}
>>> str_set.remove("Lily")                  # 当移除不存在的元素时，报 KeyError 错
Traceback (most recent call last):
    File "<input>", line 1, in <module>
KeyError: 'Lily'
```

集合类还支持 discard()方法，与 remove()方法不同的是：当移除一个不存在的元素时，不会报错。

```
>>> linuxs = {"RedHat", "Fedora", "Ubuntu"}
>>> linuxs.discard("CentOS")
>>> linuxs
{'Fedora', 'RedHat', 'Ubuntu'}
>>> linuxs.discard("Ubuntu")
>>> linuxs
{'Fedora', 'RedHat'}                        # 没有报 KeyError 错
```

remove()和 discard()方法都是从集合中移除指定的元素，调用时都需要传入参数，但还有一个方法 pop()，此方法的功能是从集合中移除一个元素，同时返回这个元素的值，而且 pop()参数可以为空，此时会随机移除集合中的一个元素。3 个方法的效果比较请看下面的示例。

```
>>> linuxs = {"RedHat", "Fedora", "Ubuntu", "CentOS", "SUSE"}
>>> linuxs.remove()                      # remove() 必须给定参数
Traceback (most recent call last):       # 不然会报 TypeError
    File "<input>", line 1, in <module>
TypeError: remove() takes exactly one argument (0 given)
>>> ret = linuxs.remove("Ubuntu")
>>> print(ret)                           # remove() 无返回值
None
>>> ret = linuxs.discard("CentOS")
>>> print(ret)
None                                     # discard() 无返回值
>>> ret = linuxs.pop()
>>> print(ret)                           # pop() 返回值为被移除元素的值
Fedora
```

集合与字典一样，集合类支持 clear() 方法清空集合内容，也支持 del 语句删除整个集合，但集合不支持使用 del 删除其中的一个元素。clear() 和 del 的使用示例如下。

```
>>> linuxs = {"RedHat", "Fedora", "Ubuntu", "CentOS", "SUSE"}
>>> linuxs.clear()
>>> print(linuxs)           # 执行清空函数 clear() 后，集合变成为一个空集合
set()
>>> del linuxs
>>> linuxs                  # 执行 del 语句后，命令 linuxs 不存在，访问则报 NameError
Traceback (most recent call last):
    File "<input>", line 1, in <module>
NameError: name 'linuxs' is not defined
```

3. 集合内置函数

Python 支持的集合内置函数，见表 2-8。

表 2-8　集合的内置函数

序号	函　数	作　业
1	len(set)	计算集合元素个数
2	str(set)	以字符串的形式输出集合内容
3	type(set)	返回输入的变量类型，如果变量是集合就返回集合类型

4. 集合类的内置方法

Python 支持集合类的内置方法，见表 2-9。

表 2-9　集合类的内置方法

序号	函　数	作　业
1	add()	为集合添加元素
2	clear()	移除集合中的所有元素
3	copy()	复制一个集合

序号	函　　数	作　　业
4	difference()	返回多个集合的差集
5	difference_update()	移除集合中的元素，该元素在指定的集合也存在
6	discard()	删除集合中指定的元素
7	intersection()	返回集合的交集
8	intersection_update()	删除集合中的元素，该元素在指定的集合中不存在
9	isdisjoint()	判断两个集合是否包含相同的元素，如果没有返回 True，否则返回 False
10	issubset()	判断指定集合是否为该方法参数集合的子集
11	issuperset()	判断该方法的参数集合是否为指定集合的子集
12	pop()	随机移除元素
13	remove()	移除指定元素
14	symmetric_difference()	返回两个集合中不重复的元素集合
15	symmetric_difference_update()	移除当前集合中在另外一个指定集合相同的元素，并将另外一个指定集合中不同的元素插入到当前集合中
16	union()	返回两个集合的并集
17	update()	给集合添加元素

2.3.7　序列

1．可变序列与不可变序列

序列是 Python 中基本的数据结果，序列中的元素是有序的，每个元素都分配一个数字，表示它的位置，被称作索引。第 1 个索引是 0，第 2 个索引是 1，依此类推。Python 中有 3 个基本的序列类型：列表，元组和 range 对象。序列都可以进行索引、切片、加、乘、检查成员操作，字符串也属于序列。

序列分为可变序列和不可变序列。可变序列是指序列中元素可以修改、更新和删除，还可以向序列中再添加元素。列表是可变序列，而元组、字符串和 range 是不可变序列。

2．序列常用运算操作

序列常用的运算操作，见表 2-10，其中 s 和 t 是序列的变量名，都是同一类型的序列，n、i、j、k 是整数，x 为任意对象，可能存在于 s 中。

表 2-10　序列常用运算操作

运算操作	结　　果
x in s	如果序列 s 中包含 x 元素，返回 True，否则返回 False
x not in s	如果序列 s 中不包含 x 元素，返回 True，否则返回 False
s + t	两个序列串联
s * n or n * s	相当于将序列 s 和自己串联 n 次
s[i]	访问序列中的第 i 个位置的元素（位置从 0 开始）
s[i:j]	切片，访问序列 s 中位置从 i 到位置 j 的元素序列（不包含 j），返回子序列。i 和 j 如果为空（即使用 s[:]），则表示位置 0 和最后一个元素索引加 1，即整个序列
s[i:j:k]	切片，访问序列 s 中位置从 i 到位置 j 的元素序列（不包含位置 j），步长是 k，返回子序列

运算操作	结　　　果
len(s)	返回序列 s 的长度
min(s)	返回序列 s 中最小的元素
max(s)	返回序列 s 中最大的元素
s.index(x[, i[, j]])	返回子串 x 在序列 s 或子序列中（从位置 i 开始，到 j 结束，i 和 j 参数可选）第 1 次出现的索引
s.count(x)	返回元素 x 在序列中出现的次数

下面举例说明表 2-10 中各运算在字符串、列表、元组、字典和集合等数据类型中的使用和结果。

（1）字符串运算

字符串的相关运算示例如下。

```
>>> message = "Hello World!"
>>> "o" in message              # x in s，"o"在 message 中，返回 True
True
>>> "a" in message              # x in s，"a"不在 message 中，返回 False
False
>>> "a" not in message          # x not in s，与 x in s 刚好相反
True
>>> "o" not in message          # x not in 示例
False
>>> msg1 = "Hello "
>>> msg2 = "World!"
>>> msg1 + msg2                 # 两个字符串串联后组成一个新的字符串
'Hello World!'
>>> message * 3                 # 字符串自身串联 n 次
'Hello World!Hello World!Hello World!'
>>> min(message)                # 返回字符串 message 中最小的 1 个字符
' '                             # 结果是空格
>>> max(message)                # 返回字符串 message 中最大的 1 个字符
'r'                             # 结果是 "r"
>>> message.index("W")          # "W" 在 message 中第 1 次出现的索引
6                               # 索引位置为：6
>>> message.index("l")          # "l" 在 message 中第 1 次出现的索引
2                               # 索引位置为：2
>>> message.index("Wo")         # "Wo" 子串在 message 中第 1 次出现的索引也就是 W 的索引
6
>>> message.index("o")          # "o" 在 message 中第 1 次出现的索引
4                               # 字符串中有 2 个 "o"，返回的是第 1 个 "o" 的索引
>>> message.index("o", 5)       # 从第 4 个索引开始，返回 "o" 第 1 次出现的索引
7
>>> message.count("o")          # 统计子串 "o" 在 message 中的次数
2                               # 字符 o 出现了 2 次
>>> message.count("Wo")         # 统计子串 "Wo" 在 message 中的次数
1                               # "Wo" 串出现的 1 次
```

字符串中的每个字符都是可以单独访问的，还可以通过切片的方式访问子串，示例如下。

```
>>> nums = "0123456789"
>>> print("第 0 个索引的字符：%s；第 2 个索引的字符：%s" % (nums[0], nums[2]))
第 0 个索引的字符：0；第 2 个索引的字符：2          # 打印结果
>>> nums[4:8]                    # 返回索引 4 到 7 的子串
'4567'
>>> nums[2:7:2]                  # 返回索引 2 到 6 的子串，步长为 2
'246'
>>> nums[:7]                     # 返回索引 0 到 6 的子串
'0123456'
>>> nums[5:]                     # 返回索引 5 到 9 的子串
'56789'
>>> nums[2::2]                   # 返回索引 2 到 9 的子串，步长为 2
'2468'
```

（2）列表运算

接下来通过建立一个测试项目来说明列表运算操作的使用方法。在 PythonPractices 项目中新建一个文件 list_operation.py (Prac 2-1) 用于编写练习列表相关操作的代码，内容如下。

Prac 2-1: list_operation.py

```python
#!/usr/bin/env python
courses1 = ["Big Data", "Cloud", "Database"]
courses2 = ["Java", "C", "UI"]
# x in s 练习 和 x not in s 练习
print('"Big Data" in courses1? %s' % ("Big Data" in courses1))
print('"Math" in courses1? %s' % ("Math" in courses1))
print('"C++" not in courses2? %s' % ("C++" not in courses2))
print('"Java" not in courses2? %s' % ("Java" not in courses2))
# s + t 练习
courses = courses1 + courses2
print("courses1 + course2 = %s" % courses)
# s * n or n * s 练习
print("2 * courses1 = %s" % (2 * courses1))
# slice 切片练习
print("courses1[2] = %s" % courses1[2])
print("courses[1:4] = %s" % courses[1:4])
print("courses[1:5:3] = %s" % courses[1:5:3])
# len, min, 和 max 练习
print("courses 的长度：%s, 最小值：%s, 最大值：%s" % (len(courses), min(courses), max(courses)))
# s.index(x[, i[, j]]) 练习
print("Java 在 courses 中的索引：%s" % courses.index("Java"))
print("Java 在子列表 courses[3:5] 中的索引", courses.index("Java", 3, 5))
# s.count(x) 练习
courses_new = courses1 * 3
print("courses_new = %s" % courses_new)
```

```
print("Database 在 courses_new 中的统计：%s" % courses_new.count("Database"))
```

运行以上程序，得到图 2-8 所示的结果。

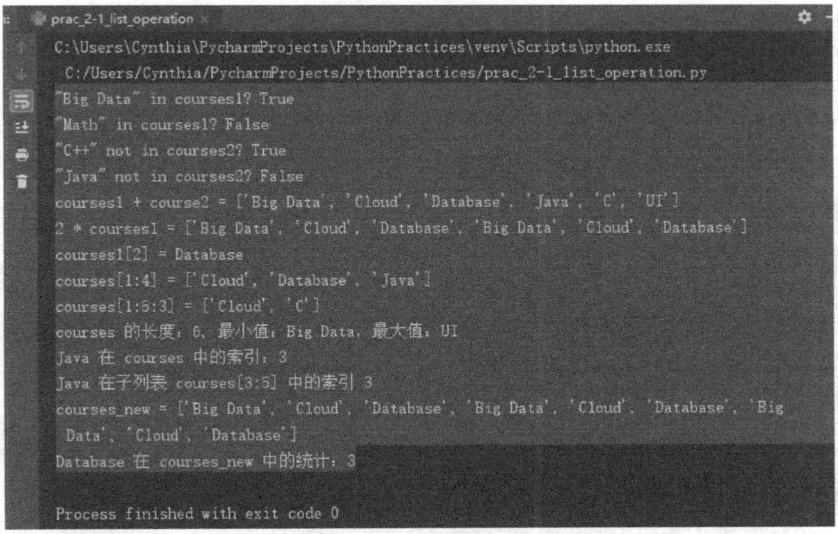

图 2-8　列表运算程序运行结果

（3）元组运算

接下来通过示例说明元组运算操作的使用方法。首先建立一个测试项目来进行演示。在 PythonPractices 项目中新建一个文件 tuple_operation.py (Prac 2-2) 用于编写练习列表相关操作的代码，内容如下。

Prac 2-2: tuple_operation.py

```python
#!/usr/bin/env python
courses1 = ("Big Data", "Cloud", "Database")
courses2 = ("Java", "C", "UI")
# x in s 练习 和 x not in s 练习
print('"Big Data" in courses1? %s' % ("Big Data" in courses1))
print('"Math" in courses1? %s' % ("Math" in courses1))
print('"C++" not in courses2? %s' % ("C++" not in courses2))
print('"Java" not in courses2? %s' % ("Java" not in courses2))
# s + t 练习
courses = courses1 + courses2
print("courses1 + course2 = ", courses)
# s * n or n * s 练习
print("2 * courses1 = ", 2 * courses1)
# slice 切片练习
print("courses1[2] = ", courses1[2])
print("courses[1:4] = ", courses[1:4])
print("courses[1:5:3] = ", courses[1:5:3])
# len, min, 和 max 练习
print("courses 的长度：%s, 最小值：%s，最大值：%s" % (len(courses), min(courses), max(courses)))
```

```
# s.index(x[, i[, j]]) 练习
print("Java 在 courses 中的索引：%s" % courses.index("Java"))
print("Java 在子列表 courses[3:5] 中的索引", courses.index("Java", 3, 5))
# s.count(x) 练习
courses_new = courses1 * 3
print("courses_new = ", courses_new)
print("Database 在 courses_new 中的统计：%s" % courses_new.count("Database"))
```

运行以上程序，得到图 2-9 所示的结果。

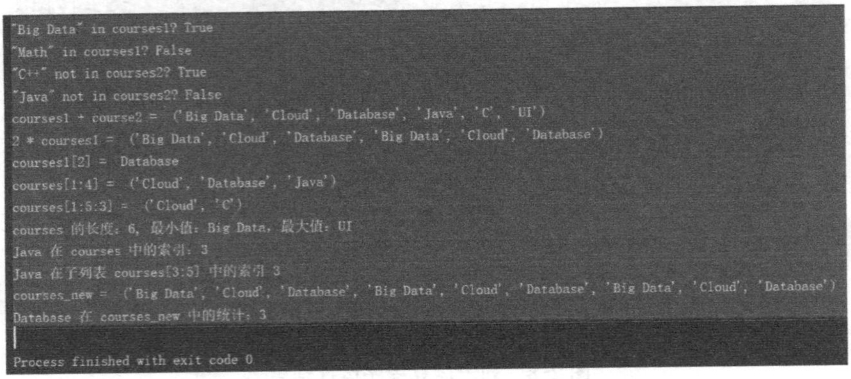

图 2-9　元组运算程序运行结果

2.4　表达式和运算

编写的大多数语句（逻辑行）都包含表达式。表达式根据一个运算符以及一个或两个操作数执行特定的操作。一个简单的表达式例子如 2+3。表达式可以分解为运算符和操作数，表达式 2+3 中，2 和 3 是操作数，+是运算符。操作数可以是常量、变量或函数结果等。运算符可以是算术运算符、布尔运算符和比较运算符等。

2.4.1　算术运算符

表 2-11 是 Python 的算术运算符及其实例，表中假设变量 a = 9，b = 20。

表 2-11　算数运算符

运算符	描　　述	实　　例
+	加法，两个数相加	a + b，结果为 29
−	减法，两个数相减，或者得到一个负数	a − b，结果为-11
*	乘法，两个数相乘，或一个被重复若干次的序列	a * b，结果为 180
/	除法运算	a / 20，结果为 0.45
//	整除（向下取整）	a // b，结果为 0
%	模运行（除法的余数）	b % a，结果为 2
**	幂运算	a ** b，结果为 9 的 20 次方

2.4.2 布尔值

Python 中的布尔（bool）类型是两个常量对象 True 和 False，注意首字母大写。比较运算符<、>、==等返回的类型就是 bool 类型，后面章节会详细介绍。用于表达真假（尽管其他值也可以被视为真或假），在数字中它们分别与整数 1 和 0 相对应。通过内置函数 bool() 可用于将任何值转换为布尔值。

Python 中任何对象都可以测试其真值，用于后面的 if 或 while 条件测试，或者布尔运算操作。

一个对象会被默认为真，除非这个对象的类定义了__bool__() 方法，返回 False，或者__len__()方法返回 0。以下几个内置对象被认为是假。

1）常量：None 和 False。

2）任意数字类型的零：0，0.0，0j，Decimal(0)，Fraction(0, 1)。

3）空序列和集合：''，()，[]，{}，set()，range(0)。

具有布尔结果的运算和内置函数返回 0 或 False 表示假，1 或 True 表示真。

2.4.3 布尔运算符

Python 中有 3 种布尔表达式运算符。

1）x or y：如果 x 是假，则返回 y 的值，否则返回 x 的值。

2）x and y：如果 x 是假，则返回 x 的值，否则返回 y 的值。

3）not x：如果 x 是假，则返回 True，否则返回 False。

注意：上面 3 种布尔运算的优先级顺序由低到高。not 运算的优先级低于非布尔运算，比如：not a == b 相当于 not (a == b)，b == not a 不是正确的运算表达式。

2.4.4 比较运算符

表 2-12 是 Python 的比较运算符，表中假设变量 a = 10，b = 20。

表 2-12 Python 比较运算符

运算符	描述	实例
==	等于，比较对象是否相等	(a == b) 返回 False
!=	不等于，比较两个对象是否不相等	(a != b) 返回 True
>	大于，返回 x 是否大于 y	(a > b) 返回 False
<	小于，返回 x 是否小于 y。所有比较运算符返回 1 表示真，返回 0 表示假。这分别与特殊的变量 True 和 False 等价。	(a < b) 返回 True
>=	大于等于，返回 x 是否大于等于 y	(a >= b) 返回 False
<=	小于等于，返回 x 是否小于等于 y	(a <= b) 返回 True
is	判断两个标识符是不是引用自同一个对象	(a is b) 返回 True
is not	判断两个标识符是不是引用自不同对象	(a is not b) 返回 False

注意:

1）两个比较对象必须是同一对象,两个不同对象的比较,会报 TypeError 异常(例外:不同的数字类型可以比较)。

2）如果将复数和一个内置数字类型比较,会报 TypeError 异常。

3）is 和 is not 可以应用于任何对象,而且不会引发异常。

2.4.5 运算优先级

表 2-13 是 Python 运算符优先级的总结,优先级由低到高,同一单元格中的运算符,优先级一样。

表 2-13　运算符优先级（由低到高）

运　算　符	描　　　述
lambda	lambda 表达式
if − else	条件表达式
or	布尔运算 or
and	布尔运算 and
not	布尔运算 not
in、not in、is、is not、<、<=、>、>=、!=、==	比较运算,包括成员测试及对象测试
|	位运算 OR
^	位运算 XOR
&	位运算 AND
<<、>>	左移、右移运算
+、−	加、减运算
*、@、/、//、%	乘法、矩阵乘法、除法、向下取整除、取模
+x、−x、~x	正数、负数、按位翻转
**	幂运算
x[index]、x[index:index]、x(arguments...)、x.attribute	序列的元素访问、切片、函数调用、属性引用
(expressions...)、[expressions...]、{key: value...}、{expressions...}	绑定或元组显示、列表显示、字典显示、集合显示

2.5　任务实现

通过本章对 Python 基本数据类型的学习和练习,下面尝试实现一个简单的计算器程序,该程序实现了简单的加、减、乘、除功能,仅支持整数的运算。

在本书 2.2.3 节中,通过 PyCharm 创建了计算器程序项目,在 2.2.4 节中实现了程序介绍和帮助信息输出代码。下面实现 2.1 中的计算器功能 1）~4）的代码,代码均实现在前面创建的 calculator.py 程序文件中。

1. 输出计算器支持的运算功能的代码实现

首先定义运算符的字典,键为选项 ID,值为运算名称,本程序只实现简单的加、减、乘、除的功能,运算符字典定义如下:

```
# 支持的运算
supported_operators = {"1": "Add", "2": "Subtract", "3": "Multiply", "4": "Divide"}
```

下面使用 dict.keys() 函数获取字典 supported_operators 的键，并使用 sorted() 函数按照升序排列，最后依次输出程序运行的运算功能描述信息，代码实现如下。

```
#将键排序（升序）
keys=sorted(supported_operators.keys())
# 打印支持的运算
print("Simple Calculator Function:")
add_str = "%s: %s" % (keys[0], supported_operators[keys[0]])
print(add_str)
subtract_str = "%s: %s" % (keys[1], supported_operators[keys[1]])
print(subtract_str)
multiply_str = "%s: %s" % (keys[2], supported_operators[keys[2]])
print(multiply_str)
divide_str = "%s: %s" % (keys[3], supported_operators[keys[3]])
print(divide_str)
```

2．用户选择运算功能的代码实现

通过内置函数 input() 可以实现和用户交互的功能（详见 2.2.5 节），程序执行到 input() 代码行后，将在控制台等待用户输入信息，当用户按〈Enter〉键后，将用户的输入字符串存入变量，然后执行下一行代码。input() 函数可传入提示信息字符串，提示信息会被输出到标准输出接口，输出的提示信息不会换行，光标会停留在提示信息的最后，代码实现如下。

```
# 等待用户选择运算功能
operator = input("Choose operator: %s, %s, %s, %s: " % (add_str, subtract_str, multiply_str, divide_str))
```

add_str、subtract_str、multiply_str 和 divide_str 变量是上一步中定义的各运算的选项 ID 和运算名称。input() 函数会将用户选择的运算选项 ID 存放在 operator 变量中。

3．操作数输入的代码实现

分别通过 input() 等待用户输入左操作和右操作数，并调用 int() 函数将字符串转换成整数（input 函数存入变量 operator 中的内容是字符串），左操作数存入 left_number 变量中，右操作数存入 right_number 变量中，代码实现如下。

```
# 等待用户输入左操作数和右操作数
left_number = int(input("Enter left number: "))
right_number = int(input("Enter right number: "))
```

4．计算部分的代码实现

现在，用户已经选择了相应的运算方式，操作数也已经准备好，接下来就是计算功能部分的代码实现。对于解释器来说，刚开始并不知道用户会选择什么样的运算方式，所以需要动态地根据用户的输入，进入到不同的代码段，计算部分功能需要用到 if 语句，根据条件判断的结果进入相应的代码段实现加、减、乘或除的功能。后面的章节会详细介绍 if 语句的使用，计算功能的代码实现如下。

```
# 根据用户的选择计算并打印结果
```

```
if operator == "1":
    print(left_number, "+", right_number, "=", left_number + right_number)
elif operator == "2":
    print(left_number, "-", right_number, "=", left_number - right_number)
elif operator == "3":
    print(left_number, "*", right_number, "=", left_number * right_number)
elif operator == "4":
print(left_number, "/", right_number, "=", left_number / right_number)
else:
    print("Wrong choice!")
```

代码"if operator == "1":",判断用户选择的运算方式如果等于字符串 1,则进入加法运算的代码;如果用户选择的不是 1,则再继续判断其他条件,直到表达式为真为止。如果最后,用户的输入不是 1、2、3、4 中的一个,则打印"选择错误"的信息。

5. 程序运行结果

计算器的功能实现完成以后,即可运行代码。代码运行后,结果如图 2-10 所示。

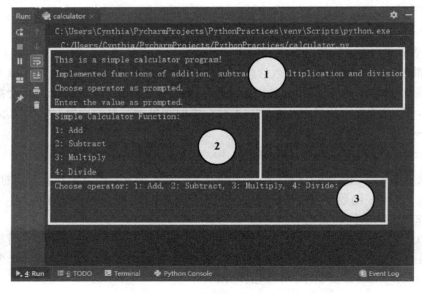

图 2-10 计算器程序运行结果

图中的区域"1",是程序帮助信息,区域"2"是计算器程序功能描述信息,区域"3"提示用户选择运算方式,光标停留在行尾。当用户输入运算方式 ID 后,按〈Enter〉键即可进入下一步,如图 2-11 所示。比如选择"Add"(加法),在控制台输入"1"后按〈Enter〉键,程序进入下一步,提示用户输入左操作数,如图 2-12 所示。

进入下一步后,比如输入"25"后按〈Enter〉键,程序进入下一步,提示用户输入右操作数,如图 2-13 所示。

在控制台输入表达式的右操作数,比如"30",然后按〈Enter〉键,程序会计算"25+30"的结果,并输出结果到控制台,如图 2-14 所示。

至此,一个简单的计算器程序代码实现完成。

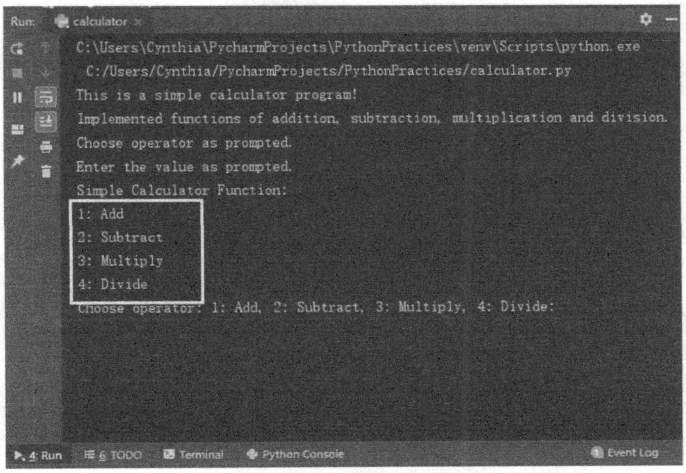

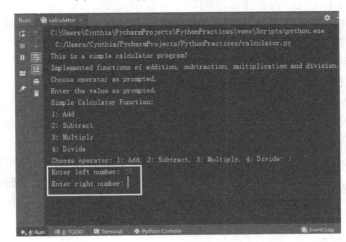

图 2-11　计算器程序提示输入操作符

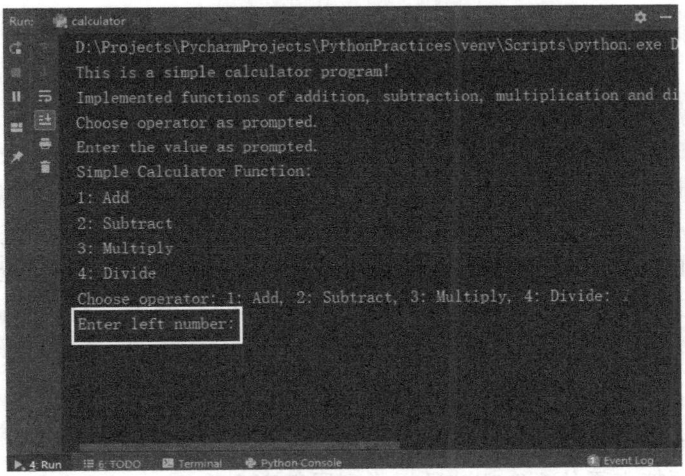

图 2-12　计算器程序提示输入左操作数

图 2-13　计算器程序提示输入右操作数

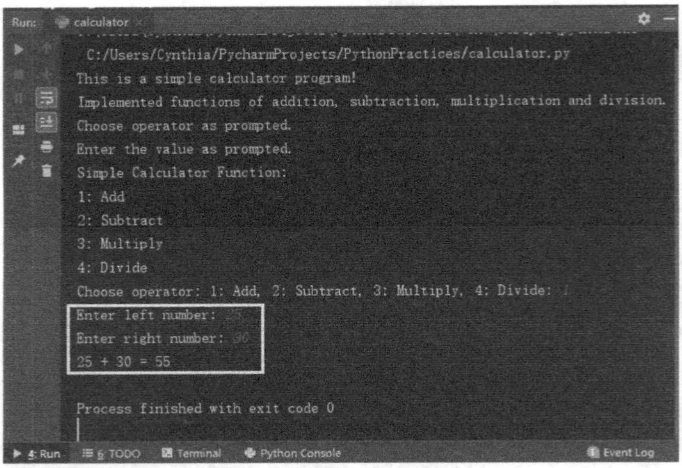

图 2-14　计算器加法运算结果示例

2.6　小结

本章以计算器程序为任务目标，详细讲解了 Python 编程基础知识。先介绍了值和变量，并实现了计算器程序帮助信息输出的代码。接着详细阐述了 Python 的内置数据类型：数值、字符串、列表、元组、字典以及集合，并通过代码示例演示了各数据类型的使用及效果。还介绍了 Python 中序列的概念，以及可变序列与不可变序列的差别，详细讲解了 Python 中的运算和表达式。最后介绍了计算器程序的代码实现，代码中涉及了如何输出内容到屏幕、如何通过 Python 代码实现与用户交互，并应用了字典及字符串数据类型。

2.7　习题

1. 列举出 Python 的基本数据类型。
2. 序列的主要特点是什么？哪些数据类型属于序列？
3. 可变序列与不可变序列有什么区别？
4. 将下面诗句内容存储在字符串中，然后使用 print() 函数将诗句输出。
   宝剑锋从磨砺出，梅花香自苦寒来。
5. 使用列表存储 1~50 的整数，并以切片方式分别输出偶数和奇数。
6. 生成一个只有一个元素 "Hello" 的元组。
7. 编程实现如下程序。
   （1）生成元组 ("Hello", "World", "I", "Love", "Python")，并存储在变量 messages 中，使用切片方式输出后面的 3 个元素，中间以空格分隔。
   （2）将 messages 元组的元素复制 3 次，生成 1 个新的元组，并输出新的元组。
8. 定义变量：nums = range(50)，num1 = 25 和 num2 = 5 分别给出下列表达式的结果。
   （1）num1 == num2。
   （2）num1 > num2。
   （3）num1 >= num2。

（4）num1 in nums。

（5）25 not in nums。

（6）num1 is 25。

（7）num2 is 25。

（8）not num1。

9．在文件中编程实现成绩录入程序。

（1）学生所上课程有：数学、英语、语文、物理、化学。

（2）实现让用户依次输入各科成绩的代码，并将各科成绩存储到字典中。

（3）依次将字典中的成绩分行输出，输出结果按课程名称升序排序。

（4）计算学生的平均成绩，并输出结果。

10．在文件中编程，增加计算器的功能。

（1）让本章中的计算器能实现 3 位数的计算。

（2）实现代码，让计算器执行 1 次能够实现两次计算。

任务 3　程序流程控制——用户密码验证程序

任务目标

● 掌握 Python 流程控制的编程基础，if、for 和 while 语句的使用方法，以及如何应用到实际编程中。

● 设计并实现用户密码验证程序，在程序中使用流程控制代码，完成用户密码验证的逻辑功能。

3.1　任务描述

通过前面内容的学习，了解了 Python 语言的编程基础，掌握了变量、标识符、内置数据类型、表达式和运算的使用，并通过 PyCharm 实现了简单的计算器程序。本章将进入 Python 程序流程控制语句的学习，并完成用户密码验证程序的实现。

用户密码验证程序会通过 Python 程序流程控制中的 if、while 及 break 语句实现。用户密码验证程序的主要功能描述如下。

1）给定初始用户名和密码及验证次数。

2）认证成功后显示欢迎信息。

3）输错 3 次后锁定用户。

3.2　if 语句

所谓判断，是指当满足某些条件时，才能够执行某件事情，如果条件不能满足是不被允许执行的。就像在现实生活中，过马路时需要看交通信号灯，当为绿灯时，可以通过马路，否则，需要停下等待。

其实，不仅生活中需要进行判断，在 Python 编程开发中，同样需要用到判断。例如，在进行用户登录时，只有用户名和密码均正确时，才会被允许登录。Python 提供了多种判断语句，下面对这些判断语句进行详细介绍。

Python 用 if 语句来选择要执行的程序代码，从而实现分支结构。在 if 语句内部，可以包含其他的语句，也可包括 if 语句。

3.2.1　判断两个数值大小的程序

在实际应用中，经常会遇到比较两个数值的大小并将结果输出的情况，下面通过使用 PyCharm 创建项目判断两个数值的大小，项目名称为 compare，同时创建程序文件 compare.py。操作步骤如下。

1）执行"File"→"New Project"菜单命令创建 compare 项目，如图 3-1 所示。

图 3-1　使用 PyCharm 新建项目

2）配置新项目名称为 compare，项目解释器使用的虚拟环境路径为 H:\python，如图 3-2 所示。

图 3-2　配置 compare 虚拟环境路径

3）在虚拟环境中，右击 Python 项目，在弹出的快捷菜单中选择 New→Python File 操作命令，新建一个 Python File 文件，名字命名为 compare，创建新的 Python 程序文件如图 3-3、图 3-4 所示。

图 3-3　创建新的 Python 程序文件

图 3-4　设置程序文件名为 compare

4）compare 文件创建成功，如图 3-5 所示。

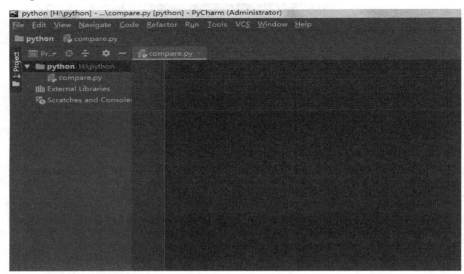

图 3-5　compare 文件创建成功

在创建的 compare.py (Prac 3-1)程序文件中添加代码，代码内容如下。

Prac 3-1: compare.py

```python
number1 = int(input("请输入数字 1:"))
number2 = int(input("请输入数字 2:"))
if      number1 > number2:
    print ('%s 大于 %s'%(number1,number2))
elif    number1 < number2:
    print ('%s 小于 %s'%(number1,number2))
elif    number1 == number2:
    print ('%s 等于 %s'%(number1,number2))
else:
    print("判断结束！")
```

5）运行 compare.py 文件，运行结果如图 3-6 所示。

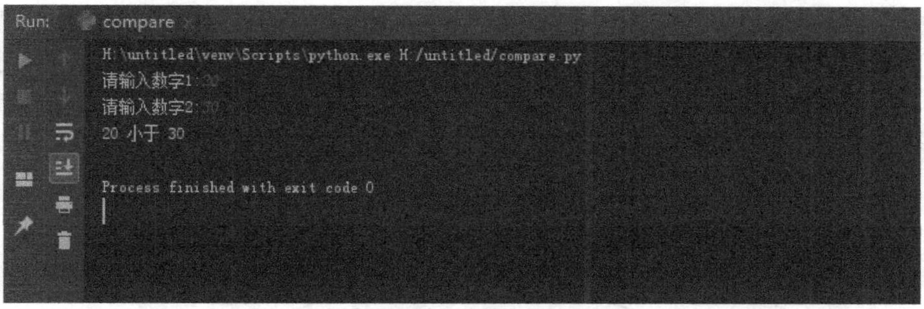

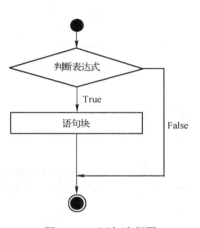

图 3-6　compare 运行结果

3.2.2　if 语句基本结构与示例

在 Python 编程语言中，if 语句是简单的条件判断语句，它可以对程序的执行流程进行控制，其基本结构如下。

```
if 判断表达式：
    执行语句块 1……
```

上述结构中，只有判断表达式成立，才可以执行下面的语句块。其中，判断表达式成立指的是判断表达式的结果为 True。接下来通过一张流程图来描述 if 语句的执行流程，如图 3-7 所示。

为了帮助读者更好地理解 if 语句，接下来通过对课程名称的判断的示例进行学习，如果为"Python"，输出欢迎信息。

图 3-7　if 语句流程图

```
>>>name ='Database'
>>>if name == 'Python':              # 判断变量否为 python
        print 'welcome boss'         # 如果是，输出欢迎信息

>>> print("if 语句介绍，请同学们学习其他课程")
if 语句介绍，请同学们学习其他课程              # 输出结果
```

从上例中可以看出 if 判断语句的作用：只有当满足一定条件时，才会执行指定代码，否则就不执行。

3.2.3　if…else 语句基本结构与示例

当使用 if 语句的时候，它只能做到满足条件时要做的事情。那么，如果不满足条件，需要做其他的事情，该怎么办呢？这时就可以使用 if…else 语句。它的作用是根据所判断的条件是否满足来决定执行哪个语句块，if…else 语句的基本结构如下。

```
if 判断表达式：
    执行语句块 1……
else：
    执行语句块 2……
```

在 Python 编程语言指定任何非 0 和非空（null）值为 True，0 和 null 为 False。当"判断表达式"成立时（非零），则执行后面的语句，执行内容可以是多行，以缩进来区分表示同一范围；else 为可选语句，当条件不成立时执行相关语句。接下来，通过一张流程图来描述 if…else 语句的执行过程，如图 3-8 所示。

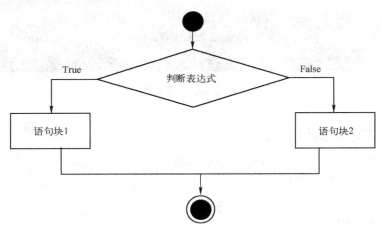

图 3-8　if…else 语句流程图

根据 Python 代码缩进原则，if 和 else 必须对齐，以表示它们是同一层次的语句，各执行语句块中的代码同样必须对齐。如下示例，判断一个变量是否为正数，并将结果输出到屏幕上。

```
>>> x = 15
>>> if x>0:
        print(x, '是正数')
    else:
        print(x, '不是正数')

15  是正数        # 输出结果
```

执行 if 语句时，Python 首先执行判断表达式"x>0"，当执行结果为 True 时，执行 if 部分的语句块，否则执行 else 部分的语句块。

3.2.4　多路分支

if 语句的判断表达式可以用>（大于）、<（小于）、==（等于）、>=（大于等于）、<=（小于等于）来表示其关系。多路分支 if 语句由 if、一个或多个 elif 和 else 部分组成，else 部分可以省略，基本结构如下。

```
if 判断表达式 1:
    执行语句块 1……
elif 判断表达式 2:
    执行语句块 2……
elif 判断表达式 3:
    执行语句块 3……
```

```
else:
    执行语句块 4……
```

如下示例，判断成绩为哪种等级，并将最终等级输出到屏幕上。

```
>>> score = 75
>>> if score <60:                # 判断 score 的值
        print('不及格')
    elif score <70:
        print('及格')
    elif score <80:
        print('中等')
    elif score <90:
        print('良好')
    else:                        # 条件均不成立时输出
        print('优秀')

中等          # 输出结果
```

Python 在执行多路分支 if 语句时，按照先后顺序依次判断各表达式。当前面的判断表达式为假时，才会执行下一个判断表达式，否则执行相应的语句块，如果所有的判断表达式均为假，则执行 else 部分的语句块。

3.2.5 分支嵌套

在 if 语句分支嵌套中，可以把 if...elif...else 结构放在另外一个 if...elif...else 结构中，它的基本结构如下。

```
if 判断表达式 1:
    执行语句块 1
    if    判断表达式 2:
        执行语句块 2
    elif 判断表达式 3:
        执行语句块 3
    else
        执行语句块 4
elif 判断表达式 4:
    执行语句块 5
else:
    执行语句块 6
```

如下示例，判断一个数是否可以整除 2 和 3，并将结果输出到屏幕上。

```
>>> num=8
>>> if num%2==0:                 # 判断 num%2 的值
        if num%3==0:
            print ("你输入的数字可以整除 2 和 3")
        else:
            print ("你输入的数字可以整除 2，但不能整除 3")
```

```
        else:                        #当 num 不能整除 2 时，执行下面语句
            if num%3==0:             # 判断 num%3 的值
                print ("你输入的数字可以整除 3，但不能整除 2")
            else:
                print ("你输入的数字不能整除 2 和 3")
你输入的数字可以整除 2，但不能整除 3                    # 输出结果
```

Python 在执行 if 分支嵌套时，首先判断 num%2 是否等于 0，如果等于 0，则执行 if 后面的嵌套语句，否则执行 else 后面的嵌套语句。

3.3 循环

3.3.1 阶乘运算程序

阶乘是数学里的一种术语，阶乘运算是指从 1 乘以 2 乘以 3 乘以 4 一直乘到所要求的数，在 Python 程序设计中，实现阶乘运算过程如下。

```
>>> a=1
>>> n=5
>>> for i in range(1, n+1):
            a = a * i
print(a)

120                        # 输出结果
```

在上述例子中，使用 for 循环语句将 range 函数生成的序列中的数值累积相乘，实现阶乘运算的效果。range 函数是 Python 提供的一个内置函数，它可以生成一个数字序列，for 语句在执行时，循环计时器变量 i 被设置为 1，然后执行循环语句，i 依次被设置为从 1 到 n+1 之间的所有值，每设置一个新值都会执行一次循环语句，当 i 等于 n+1 时，循环结束。

3.3.2 for 循环基本结构

Python 中的 for 循环可以遍历任何序列的项目，如一个列表或者一个字符串。for 循环的基本格式如下。

```
for  变量  in  序列:
        循环语句
```

可以使用 for 循环将序列中的字母依次显示，具体实例如下。

```
>>> for letter in 'Python':
        print ('当前字母 :', letter)

当前字母 : P                    # 输出结果
当前字母 : y
当前字母 : t
当前字母 : h
当前字母 : o
```

当前字母：n

上面实例中，for 循环将"Python"字符串中的字母依次显示。

3.3.3 计算 1~100 奇数之和

在整数中，能被 2 整除的数是偶数，不能被 2 整除的数是奇数。接下来，我们开发一个计算 1~100 奇数之和的程序，使用 PyCharm 创建 100 以内所有奇数之和项目，项目名称为 odd_sum，同时创建计算器程序文件 odd_sum.py，操作步骤如下。

1）单击"File"→"New Project"命令创建 odd_sum 项目，如图 3-9 所示。

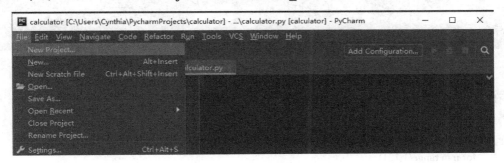

图 3-9　使用 PyCharm 新建项目

2）配置新项目名称为 odd_sum，项目解释器使用的虚拟环境路径为 H:\python，如图 3-10 所示。

图 3-10　配置 odd_sum 虚拟环境

3）odd_sum 项目创建成功，如图 3-11 所示。

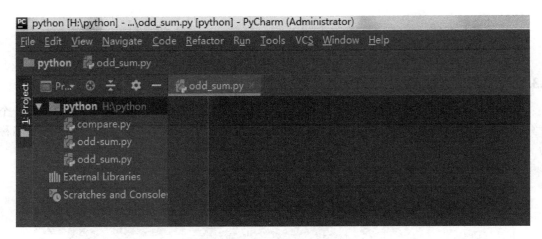

图 3-11　odd_sum 项目创建成功

在创建的 odd_sum.py 程序文件中输入程序，代码内容如下。

```
sum = 0
n=1
for n in range(1,101)
    if n % 2 == 1:
        sum = sum + n
print("1～100 之间的奇数之和为：%s"%sum)
```

上面的代码运行结果，如图 3-12 所示。

```
Run:      odd_sum (1)
    "H:\python -1\venv\Scripts\python.exe" "H:/python -1/odd_sum.py"
    1～100之间的奇数之和为：2500

    Process finished with exit code 0
```

图 3-12　odd_sum 项目运行结果

3.3.4　while 循环基本结构

For 循环遍历指定的序列，而 while 循环不断运行，直到指定的条件不满足为止。while 循环是判断表达式为真时执行循环体，也称为"当型循环"，如果判断表达式一开始就为假，则不会执行循环体。while 循环的基本结构如下。

```
while 判断表达式：
    条件满足，执行循环语句
```

当判断表达式为 True 时，条件满足，程序执行循环语句，其执行流程如图 3-13 所示。

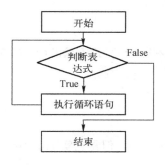

图 3-13 while 语句循环流程图

在 while 循环中，同样需要注意冒号和缩进。另外，在 Python 编程语言中，没有 do…while 循环。下面通过循环从 1 数到 5 并输出。

```
>>> number = 1
>>> while number < = 5:
        print(number)
        number +=1

1                        #输出结果
2
3
4
5
```

在上例中，程序初始将 number 设置为 1，指定从 1 开始计数。接下来的 while 循环被设置为只要 number 小于等于 5，就继续运行这个循环。循环中的 print 函数输出打印 number 的值，再使用 number += 1 将其值加 1。

3.3.5 range 函数

Python 提供 range() 函数能轻松地生成一系列的数字，它一般用在 for 循环中。 range() 函数返回的是一个可迭代对象（类型是对象），而不是列表类型， 所以打印的时候不会打印列表，它的基本格式如下。

```
range(stop)
range(start, stop[, step])
```

参数说明：
① start：计数从 start 开始，默认是从 0 开始。例如 range(5)等价于 range(0, 5)。
② stop：计数到 stop 结束，但不包括 stop。例如 range(0, 5)是[0, 1, 2, 3, 4]，不包含 5。
③ step：步长，默认为 1。例如 range(0, 5) 等价于 range(0, 5, 1)。
在 3.3.4 的示例中通过 while 语句输出 1～5 的数值，下面通过 range()函数输出 1～5 的数值。

```
>>> range(1, 6)
range(1, 6)              #range()结果
>>> for i in range(1, 6):
```

```
...      print(i)
...
1                              #利用 for 语句循环输出 range(1, 6)的结果
2
3
4
5
```

上述的代码好像应该打印数字 1～6，但是它实际上不会打印 6，因为该函数在输出时不包括后面的数字 6。

如果想要创建数字列表，可以使用 list()函数将 range()的结果直接转换为列表。list() 函数是对象迭代器，可以把 range()返回的可迭代对象转换为一个列表，返回的变量类型为列表。如果将 range()作为 list()的参数，输出的结果将是一个数字列表。

具体操作如下。

```
>>> number = list(range(1, 6))
>>> print(number)
[1, 2, 3, 4, 5]
>>> type(number)
<class 'list'>                 #输出结果为列表类型
```

上面的示例中，使用 type() 函数查看 number 变量的类型，结果是 list 列表类型。

3.3.6 break、continue 和 pass

1．break 语句

在前面的内容中，介绍了 for 循环和 while 循环，但如果想要立即退出循环，不再运行循环中余下的代码，并且也不管判断表达式结果如何，可以使用 break 语句。break 语句用于控制程序流程，可以使用它来控制哪些代码行执行，哪些代码行不执行，从而使程序按照程序员的要求执行代码。

break 语句可用在 while 和 for 循环中。如果使用嵌套循环，break 语句将停止执行最深层的循环，并开始执行上一层循环的下一行代码。例如，使用 break 语句结束 for 循环。

```
>>> for i in range(5):
...      print("-----%d-----" % i)
...      for j in range(3):
...          if i > 2:
...              break
...          print(j)
...
-----0-----
0
1
2
-----1-----
0
```

```
1
2
-----2-----
0
1
2
-----3-----
-----4-----
```

Break 语句终止本次循环，比如在本例中有两个 for 循环，当在第 2 个 for 循环里写了一个 break，满足条件，只会终止第 2 个 for 里面的循环，在本例中遇到 i > 2 的时候第 2 层的 for 就不循环了，程序会跳到上一层 for 循环继续往下走。所有程序的运行中当 i 等于 3 或 4 时，将不会执行第 2 层 for 循环的 print 语句。

2．continue 语句

如果需要返回到循环开头，并根据判断表达式的结果决定是否继续执行循环，可以使用 continue 语句。它不像 break 语句那样不再执行余下的代码并退出整个循环，continue 语句的作用是用来结束本次循环，紧接着执行下一次的循环。接下来通过一个实例来演示 continue 语句的使用，具体代码如下所示。

```
>>> for i in range(5):
...     if i % 2 == 0:
...         continue
...     print("-----%d-----" % i)
...
-----1-----
-----3-----
```

在本例中，当 i 的值为偶数时，终止本次循环，不再输出 i 的值，接着执行下一次循环，因此 i 为 0、2、4 时将不被打印出来。

注意：

1）break/continue 语句只能用于循环中，不能单独使用。

2）break/continue 语句在嵌套循环中，只对最近的一层循环起作用。

3．pass 语句

在 Python 语言中，pass 语句就是空语句，它的目的是为了保持程序结构的完整性，它本身不做任何事情，一般用作占位语句。pass 语句的使用，如下所示。

```
for letter in 'Python':
    if letter == 'h':
        pass
        print ("这是 pass 块")
    print('当前字母 :', letter)
print("for 循环结束！")
```

在上例中，当程序执行 pass 语句时，由于 pass 语句是空语句，程序会忽视这条语句，按顺序依次执行下面的语句。程序运行结果，如下所示。

当前字母：P
当前字母：y
当前字母：t
这是 pass 块   # pass 语句未做任何事情
当前字母：h
当前字母：o
当前字母：n
for 循环结束！

3.3.7   循环中的 else 语句

前面在学习 if 语句的时候，会在 if 条件判断语句之外用到 else 语句。其实，除了判断语句，在 Python 中 while 循环和 for 循环同样可以使用 else 语句。在循环结构中使用时，else 语句只在所有循环完成后执行，也就是说，break 语句也会跳过 else 语句块，下面通过实例演示，新建一个 py 文件，具体代码如下。

```
>>> number = 0
>>> while number < 4:
...     print(number, "比 4 小")
...     number = number + 1
... else:
...     print(number, "不比 4 小")
...
0 比 4 小                      # 输出结果
1 比 4 小
2 比 4 小
3 比 4 小
4 不比 4 小
```

在上面的实例中，else 语句会在 while 循环终止后执行，也就是说，当 number 的值等于 4 的时候，程序会执行 else 语句。下面再举例说明使用了 break 语句后的结果。

```
>>> number = 0
... while number < 10:
...     if number < 4:
...         print(number, "比 4 小")
...     else:
...         break
...     number += 1
... else:
...     print(number, "不比 4 小")
...
0 比 4 小
1 比 4 小
2 比 4 小
3 比 4 小
```

因为使用了 break 语句，while 循环未完成就被终止了，也就是说 while 的 else 语句被跳过了。

3.4　任务实现

通过本章的学习，读者对 Python 程序流程控制已有了了解，下面尝试实现一个用户密码验证程序。

首先使用 PyCharm 创建用户密码验证程序项目，项目名称为 login，同时创建用户密码验证程序文件 login.py，操作步骤如下。

1）单击 "File" → "New Project" 命令创建 login 项目，如图 3-14 所示。

图 3-14　使用 PyCharm 新建项目

2）配置新项目名称为 login，项目解释器使用默认的虚拟环境，如图 3-15 所示。

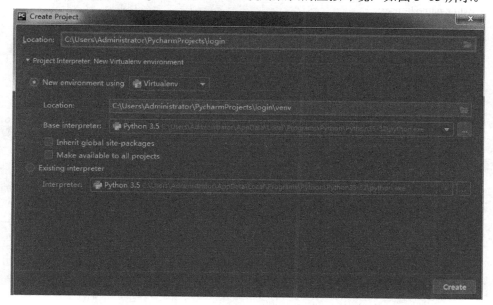

图 3-15　配置 login 项目的虚拟环境

3）login 项目创建成功，如图 3-16 所示。

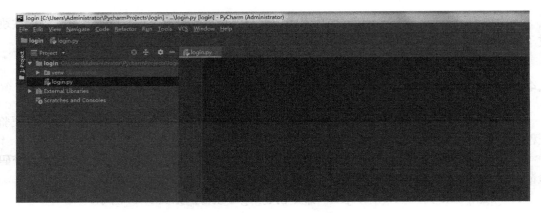

图 3-16　项目 login 创建成功

通过 Pycharm 实现用户密码验证程序，代码添加在 login.py (Prac 3-2)程序文件中，代码实现如下。

Prac 3-2: login.py

```
user = 'python'
password = '123456'
name = input("请输入用户名：")
passwd = input("请输入密码：")
count1 = 1
count2 = 1
while name != user:
    print("请注意，你只有 3 次机会，你已经使用 ", count1, "次")
    if count1 < 3:
        name = input("请输入用户名：")
        count1 = count1 + 1
    else:
        print("你已经输入了 3 次，你已经被锁定了")
        break
else:
    while passwd != password:
        print("请注意，你只有 3 次机会，你已经使用 ", count2, "次")
        if count2 < 3:
            namepasswd = input("请输入密码：")
            count2 = count2 + 1
        else:
            print("你已经输入了 3 次，你已经被锁定了")
            break
    else:
        print("欢迎管理您的系统！")
```

代码完成后，即可运行程序。

首先提示输入用户名和密码，用户名和密码正确后，提示"欢迎管理您的系统！"的信息，效果如图 3-17 所示。

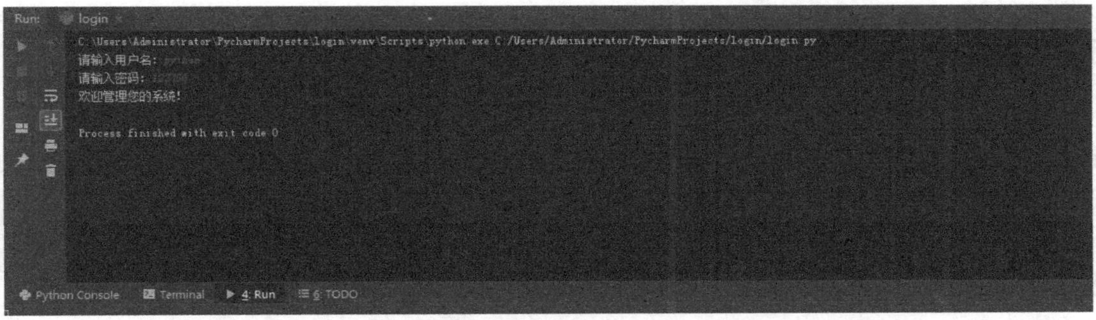

图 3-17　项目 login 运行结果（用户名密码正确）

当用户名正确，密码错误时，系统会给出提醒，并重新输入密码，当密码 3 次均错误时，系统会出现"请注意，你只有 3 次机会，你已经使用　3 次""你已经输入了 3 次，你已经被锁定了"的提示信息，效果如图 3-18 所示。

图 3-18　项目 login 结果（用户名正确，密码错误）

当用户名第一次错误时，系统会提示"请注意，你只有 3 次机会，你已经使用 1 次"，若连续出现 3 次错误，系统会提示"你已经输入了 3 次，你已经被锁定了！"的信息，效果如图 3-19 所示。

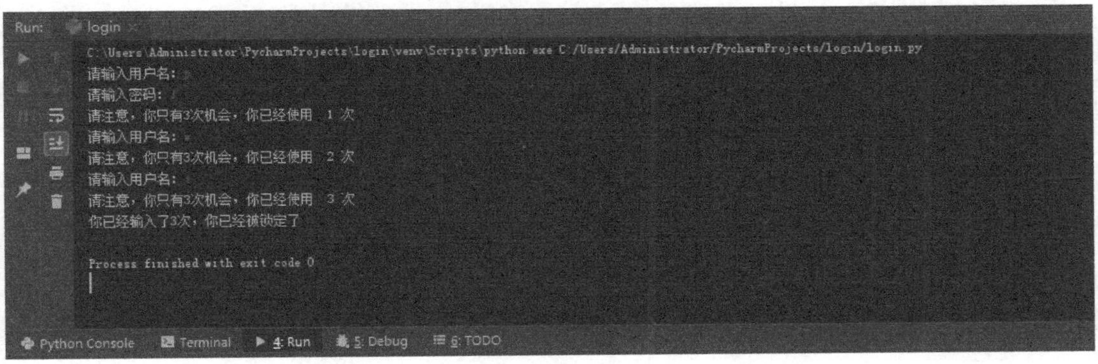

图 3-19　项目 login 结果（用户名错误）

至此，用户密码验证程序完成。

3.5　小结

本章主要介绍了 Python 中常用的语句，包括条件判断语句、循环语句以及其他语句。其中，判断语句主要是 if 语句，循环语句主要是 for 语句和 while 语句。在 Python 程序开发中，这些语句的使用频率非常高，希望读者多加练习和理解，并熟练掌握它们的使用方法。

3.6　习题

一、填空题

1. Python 提供了两种基本的循环结构_____和_____。

2. _____语句是 else 语句和 if 语句的组合。

3. 如果希望循环是无限的，可以通过设置判断表达式永远为_____来实现无限循环。

4. 在循环体中使用_____语句可以跳出循环体。

5. 在循环体中可以使用_____语句跳过本次循环后面的语句，并重新开始下一次循环。

二、判断题

1. 每个 if 条件后面都要使用冒号。（　　　）

2. elif 可以单独使用。（　　　）

3. 循环语句可以嵌套使用。（　　　）

4. pass 语句的出现是为了保持程序结构的完整性。（　　　）

5. 在 Python 中可以出现 switch…case 语句。（　　　）

三、程序题

1. 编写一个程序，使用 for 循环输出 20～30 之间的整数。

2. 编写一个程序，输出九九乘法表。

3. 编写一个程序，判断用户输入的数是正数还是负数。

任务 4 函数——猜数字程序

任务目标

◆ 掌握 Python 函数的作用及如何定义函数。

◆ 掌握模块和包的含义及使用。

◆ 编程实现猜数字程序，让用户猜一个随机生成的 1～50 之间的整数，最多只允许猜 5 次。

4.1 任务描述

通过前面章节的学习，读者掌握了 Python 的基本数据类型，如字符串、列表、元组、字典与集合，以及各数据类型相关的内置函数与方法，并编程实现了简单的计算器程序，同时还掌握了程序流程控制语句。函数实际上就是代码的集合，通过函数调用可以执行其包含的代码。同时函数还可以返回结果，还可以接受参数的传入。利用函数，可以提高 Python 代码的利用率，减少代码冗余。

模块是程序代码和数据的封装。模块中定义的变量、函数或类，可导入到其他文件中使用。

通过本章的学习，读者可以优化之前的计算器程序以及用户密码验证程序，并实现较复杂的猜数字程序。猜数字程序的功能是让用户猜一个随机生成的 1～50 之间的整数，最多只允许猜 5 次，程序的主要功能如下。

1）输出猜数字程序的帮助信息。

2）生成 1～50 之间的随机整数。

3）循环让用户猜数字。

4.2 使用函数

4.2.1 函数使用简介

从本书第 1 章开始，就已经使用了很多函数，如：print、input、int、type 和 sorted。print 函数可以输出内容到屏幕；input 函数可以实现与用户交互，等待用户输入内容；int 函数可以将字符串转换成整数类型；type 函数可以返回对象类型；sorted 函数可以对列表进行排序，并返回新的列表。

在数学里，函数可根据给定的值计算结果。举例，函数定义为 f(x) = 3x-2，则可以计算出 f(2) = 4、f(5) = 13 等。Python 编程中的函数就类似于数学里的函数。Python 内置了很多函数，读者可以直接调用。函数可重复使用，用来实现单一或相关功能的代码段。

下面通过一个标准的 Python 数学函数 math.fabs(x)掌握函数的使用方法。math 是

fabs 函数所在的模块，fabs 函数的功能是返回 x 值的绝对值，x 是 fabs 的参数。fabs 函数接受一个数字参数 x（整数或浮点数），然后返回 x 的绝对值的浮点数。比如，如果 x = 5，则 fabs 函数的结果为 5.0，如果 x = −3，则 fabs 函数返回 3.0。fabs 的使用示例如下。

```
>>> from math import fabs        # 使用 fabs 函数之前需要引入 math 模块中的 fabs 函数
>>> fabs(5)
5.0
>>> fabs(5.3)
5.3
>>> fabs(-3)
3.0
>>> fabs(-3.78)
3.78
>>> fabs(0.78)
0.78
```

语句介绍。

（1）from math import fabs

使用 fabs 函数之前，需要通过 from import 语句从 math 模块中将 fabs 函数引入。然后才可以使用，否则会报 NameError 错误。

（2）fabs(x)

x 是参数，可以传入整数或浮点数，x 是需要让 fabs 函数处理的数据。函数 fabs 不会修改 x 的值，它只是拿到 x 参数后，通过计算，返回一个新的结果。

下面是更多 fabs 函数的使用示例 usingfabs.py (Prac 4-1)。

Prac 4-1: usingfabs.py

```python
#!/usr/bin/env python


"""
Copyright 2018 by Cynthia Wong
Practice to use math.fabs function
"""

from math import fabs

# 直接使用 fabs 函数的返回值
print("Absolute value of -5.5 is %s" % fabs(-5.5))
# 将 fabs 函数的返回值存储到变量
num = -3.333
abs_num = fabs(num)
print("Absolute value of %s is %s" % (num, abs_num))
# 在表达式中使用 fabs 函数
print("15 + fabs(-5) = %s" % (15 + fabs(-5)))
# 将 fabs 函数的返回值作为 int 函数的参数
print("Integer of absolute value of -5.5 is %s" % int(fabs(-5.5)))
```

上面示例程序的运行结果如图 4-1 所示。

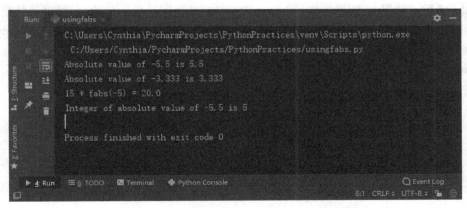

图 4-1　练习程序 usingfabs.py (Prac 4-1) 的运行结果

前面已经提到 fabs 函数的参数只接受整数和浮点数，如果传入错误类型的参数，代码会报错，比如传入字符串，会报 TypeError 错误。

```
>>> fabs("5")
Traceback (most recent call last):
    File "<input>", line 1, in <module>
TypeError: must be real number, not str
```

4.2.2　标准数学函数

学会了如何使用 math 模块中的 fabs 函数，接下来介绍更多的标准数学函数（math 模块），见表 4-1。

表 4-1　模块 **math** 中的标准数学函数

函数	功能描述
fabs(x)	返回 x 的绝对值
sqrt(x)	返回 x 平方根
factorial(x)	返回 x 阶乘
floor(x)	返回 x 的向下取整结果
exp(x)	返回 x 的指数结果，即 e^x
log10(x)	返回 x 的对数（基数为 10）

使用表中的函数时，必须先导入 math 模块。

Python 中函数参数是通过赋值来传递的。函数的参数分形参和实参，函数指定的参数叫作形参，调用函数时，用户传递给函数的参数叫作实参。比如 fabs(x)函数的 x 叫作形参，当调用函数 fabs(-5)时，-5 是实参，在调用的时候，将实参的值赋值给形参 x。fabs 函数在前面已经介绍过，这里不再赘述。下面详细介绍 sqrt、factorial、floor、exp 和 log10 这几个函数的使用。

1．sqrt 函数

sqrt(x)函数，计算 x 的平方根（Square Root），并返回结果。参数 x 可以是整数或浮点数，也可以是一个数值的表达式。在 PythonPractices 项目中创建练习文件 usingsqrt.py（Prac 4-2)，编写示例代码，练习使用 sqrt 函数。

Prac 4-2: usingsqrt.py

```python
#!/usr/bin/env python
"""
Copyright 2018 by Cynthia Wong
Practice to use math.sqrt function
"""
from math import sqrt
# 定义输出内容的通用格式
msg_format = "Square root of %s is %s"
# 计算一个整数的平方根
print(msg_format % (4, sqrt(4)))
print(msg_format % (5, sqrt(5)))
# 计算一个浮点数的平方根
print(msg_format % (9.9, sqrt(9.9)))
# 计算一个数值表达式的平方根
print(msg_format % ("5 + 4", sqrt(5 + 4)))
# 传入的参数是另一个函数的返回值
print(msg_format % ("int(9.3)", sqrt(int(9.3))))
```

上面的示例中，还使用了 int 函数作为 sqrt 的参数，实际运行时解释器会先计算 int(9.3)，然后再将函数的返回值传递给 sqrt 函数。程序的运行结果，如图 4-2 所示。

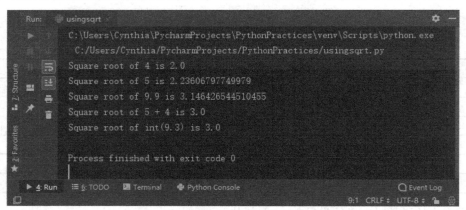

图 4-2　练习程序 usingsqrt.py (Prac 4-2) 的运行结果

2．factorial 函数

整数的阶乘（Factorial）是计算所有小于等于该数的正整数的乘积，0 的阶乘为 1，1 的阶乘也为 1，n (n>1)的阶乘 n! = 1*2*3*…*n。Python 的 math 模块实现了 factorial 函数，计算传入数字的阶乘，并返回结果。factorial 函数只接受非负整数参数。在 PythonPractices 项目中创建练习文件 usingfactorial.py (Prac 4-3)，编写练习 factorial 函数的代码。

Prac 4-3: usingfactorial.py

```python
#!/usr/bin/env python
"""
Copyright 2018 by Cynthia Wong
Practice to use math.factorial function
"""
from math import factorial
# 依次计算列表中各非负整数的阶乘
numbers = [0, 1, 5, 10, 15]
for num in numbers:
    print("Factorial value of %s is %s" % (num, factorial(num)))
```

上面的示例，使用了列表。将需要计算阶乘的非负整数创建列表并存储在 numbers 变量中，然后依次调用 factorial 函数，并打印计算结果。使用 for 循环语句依次取出列表中元素的值。程序的运行结果，如图 4-3 所示。

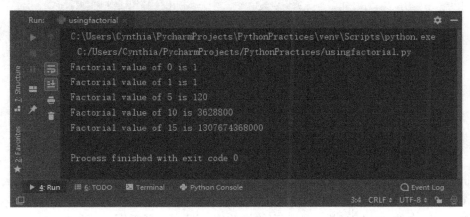

图 4-3　练习程序 usingfactorial.py (Prac 4-3) 的运行结果

3．floor 函数

模块 math 中的 floor 函数返回数字的向下取整结果。如果参数传入的是正数，则返回该数的整数部分的值，如果传入的参数是负数，则向下取整返回不大于 x 的最大整数（注意，与四舍五入不同）。

在 PythonPractices 项目中创建练习文件 usingfloor.py (Prac 4-4)，编写练习 floor 函数的代码。

Prac 4-4: usingfloor.py

```python
#!/usr/bin/env python
"""
Copyright 2018 by Cynthia Wong
Practice to use math.floor function
"""
from math import floor
# 定义一个列表，列表的元素分别是 floor 函数的调用
floor_values = [floor(2), floor(0), floor(2.7), floor(2.3), floor(-3.2), floor(-3.7)]
```

```
count = 1
for value in floor_values:
    print("The %sth value is %s" % (count, value))
    count += 1
# 计算两个数字向下取整后的和
print("floor(-5.7) + floor(5.3) = %s" % (floor(-5.7) + floor(5.3)))
```

示例中演示了 floor 函数的作用及使用方法，同时还将函数调用作为列表的元素值，实际 Python 解释器会先调用 floor 函数，再将返回值存储到列表中。函数调用也可以作为表达式的操作数。程序运行结果，如图 4-4 所示。

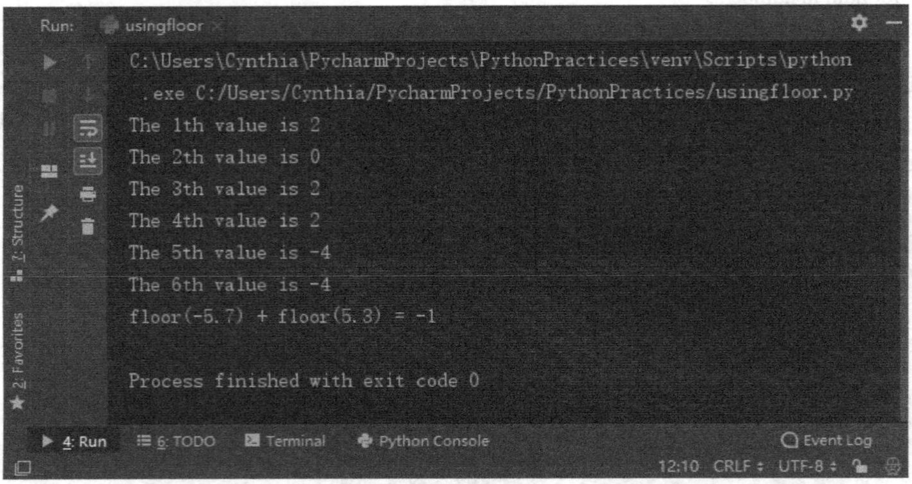

图 4-4 练习程序 usingfloor.py (Prac 4-4) 的运行结果

4. exp 函数

模块 math 中的 exp(x)函数计算数字的指数值，即 e^x，并返回计算结果。exp(x) 函数的计算结果比 math.e ** x 的计算准确。exp(x)函数中的 x 参数接受整数或浮点数。下面通过示例，练习 exp 函数的使用。

在 PythonPractices 项目中创建练习文件 usingexp.py(Prac 4-5)，编写练习 exp 函数的代码。

Prac 4-5: usingexp.py

```
#!/usr/bin/env python
"""
Copyright 2018 by Cynthia Wong
Practice to use math.exp function
"""
from math import exp
# 定义输出内容的通用格式
msg_format = "The %sth power of e is %s"
numbers = [0, 1, 2.2, 5.4, 10, 15]
exp_dict = {}
for num in numbers:
    exp_dict[num] = exp(num)
```

```
for key, value in exp_dict.items():
    print(msg_format % (key, value))
```

示例中，先新建空字典 exp_dict 变量，然后使用 for 语句循环调用 numbers 列表，计算列表中元素的指数值，并将结果添加到 exp_dict 字典中。程序运行如果，如图 4-5 所示。

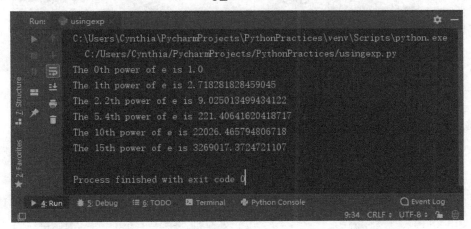

图 4-5　练习程序 usingexp.py (Prac 4-5) 的运行结果

5．log10 函数

模块 math 中的 log10(x)函数返回 x 的对数（基数为 10）的结果，参数 x 必须是大于 0 的数。下面通过示例演示 log10 的使用。

在 PythonPractices 项目中创建练习文件 usinglog10.py (Prac 4-6)，编写练习 log10 函数的代码。

Prac 4-6: usinglog10.py

```
#!/usr/bin/env python
"""
Copyright 2018 by Cynthia Wong
Practice to use math.log10 function
"""
from math import log10
# 定义列表，存储待计算的 log10 的参数
arguments = [1, 2.2, 3, 100, 10, 5.5]
log10_dict = {}
# for 循环 arguments，依次计算各参数的 log10 结果，并存储在 log10_dict 字典中
for arg in arguments:
    log10_dict[arg] = log10(arg)
    print("The result of log10(%s) is %s" % (arg, log10_dict[arg]))
# 依次计算 log10_dict 中所有值的 int 结果
for value in log10_dict.values():
print("The result of int(%s) is %s" % (value, int(value)))
```

示例中将需要计算 log10 的参数存储到列表变量 arguments 中，再循环调用 arguments，计算元素的 log10 的结果，然后将元素的值作为字典 log10_dict 的键，log10 的计算结果作为

值存储到字典 log10_dict 中。程序运行结果，如图 4-6 所示。

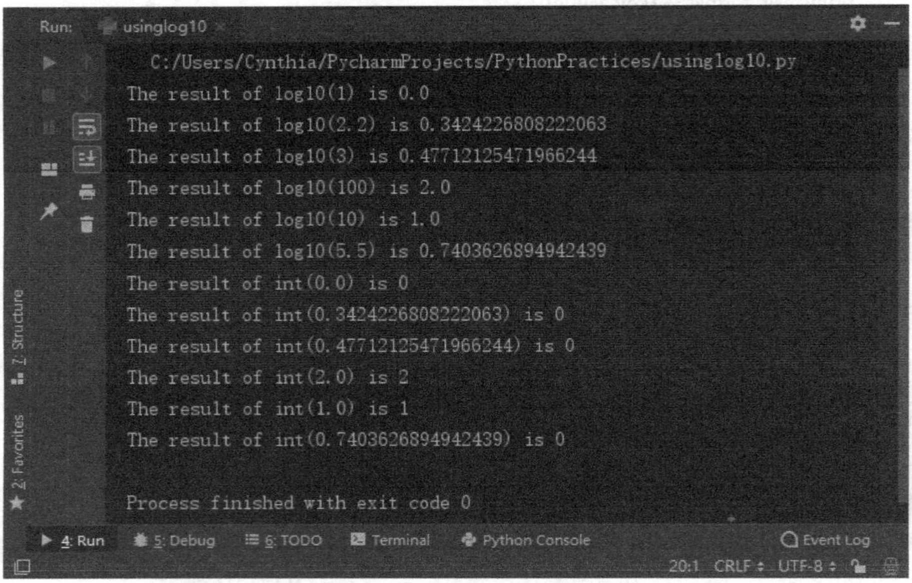

图 4-6　练习程序 usinglog10.py (Prac 4-6) 的运行结果

4.2.3　时间函数

Python 程序能用多种方式处理日期和时间，转换日期格式是一个常见的功能。在 Python 的编程过程中常常会遇到时间格式的问题。比如，如何获取当前时间，如何将时间戳转换成字符串格式，如何将时间字符串转换成时间戳。Python 提供了多个内置模块用于操作日期和时间，如 calendar、time、datetime。calendar 模块用于处理与日历相关的数据，其中应用广泛的是 datetime 模块，相比于 time 模块，datetime 模块的接口更直观、更容易调用。本小节将详细介绍 time 和 datetime 模块的使用。在 Python 中，通常用 3 种方式来表示时间：时间戳、格式化的时间字符串和元组（struct_time）。

1）时间戳（timestamp），在 Windows 系统和大多数的 UNIX 系统中，是指格林尼治时间 1970 年 01 月 01 日 00 时 00 分 00 秒（纪元，epoch）起至现在的总秒数。通过 time 模块中的 time 函数即可获取当前时间戳，time.time 函数返回自纪元起至现在的秒数，返回值是一个浮点数，示例如下。

```
>>> import time
>>> time.time()
1543238580.526517
```

2）格式化的时间字符串，比如获取当前时间的字符串格式，则可以使用 time.asctime 函数获取，示例如下。

```
>>> import time
>>> time.asctime()
'Mon Nov 26 23:02:56 2018'
```

3）元组（struct_time），是一个包含了 9 个时间值的元组类型，比如可以通过 time.gmtime 获取当前时间的元组，示例如下。

```
>>> import time
>>> time.gmtime()
time.struct_time(tm_year=2018, tm_mon=11, tm_mday=26, tm_hour=15, tm_min=17, tm_sec=5,
tm_wday=0, tm_yday=330, tm_isdst=0)
```

这 9 个时间属性信息，见表 4-2。

表 4-2　时间元组属性描述

索引	属性	描述	值
0	tm_year	年	如：2018
1	tm_mon	月	1～12
2	tm_mday	日	1～31
3	tm_hour	时	0～23
4	tm_min	分	0～59
5	tm_sec	秒	0～60，0～61（61 是闰秒[①]）
6	tm_wday	星期	0～6（0 是星期日）
7	tm_yday	一年中的第几天	1～366
8	tm_isdst	夏令时	-1，0，1（-1 表示不确定是否为夏令时）

① 闰秒，是指为保持协调"世界时"接近于"世界时"时刻，由国际计量局统一规定在年底或年中（也可能在季末）对协调"世界时"增加或减少 1 秒的调整。

接下来详细介绍 time 模块和 datetime 模块的使用。

1．time 模块

下面是 time 模块中常用的几个函数。要使用 time 模块中的函数，必须先导入 time 模块，下面的示例中都省略了 import time 语句，测试时请读者自行加上。

1）time.localtime([secs])：将一个时间戳转换为当前时区的 struct_time。如果 secs 参数未提供，则以当前时间为准。

```
>>> time.time()                             # 首先获取当前的时间戳
1543247029.988419
>>> time.localtime(1543247029.988419)       # 将获取的时间戳转换成 struct_time
time.struct_time(tm_year=2018, tm_mon=11, tm_mday=26, tm_hour=23, tm_min=43, tm_sec=49,
tm_wday=0, tm_yday=330, tm_isdst=0)
```

2）time.gmtime([secs])：和 localtime()方法类似，gmtime()方法是将一个时间戳转换为 UTC 时区（0 时区）的 struct_time。

```
>>> time.gmtime()                           # 不给定时间戳参数，则默认使用当前的时间戳
time.struct_time(tm_year=2018, tm_mon=11, tm_mday=26, tm_hour=15, tm_min=44, tm_sec=46,
tm_wday=0, tm_yday=330, tm_isdst=0)
```

3）time.mktime(t)：将一个 struct_time 转化为时间戳。

```
>>> time.mktime(time.localtime())
```

1543247127.0

4）time.sleep(secs)：线程推迟指定的时间运行，单位为秒。

```
>>> print(time.time()); time.sleep(3); print(time.time())
1543247215.5489488
1543247218.5496647
```

5）time.asctime([t])：把一个时间的元组表示为这种形式：Mon Nov 26 23:55:33 2018。如果不传入参数，将会以 time.localtime() 作为参数传入。

```
>>> time.asctime()
'Mon Nov 26 23:55:33 2018'
```

6）time.ctime([secs])：把一个时间戳（按秒计算的浮点数）转化为 time.asctime() 的形式。如果参数未给或者为 None 的时候，将会默认 time.time() 为参数。它的作用相当于 time.asctime(time.localtime(secs))。

```
>>> time.asctime()
'Mon Nov 26 23:55:33 2018'
>>> time.ctime()
'Mon Nov 26 23:56:40 2018'
>>> time.ctime(time.time())
'Mon Nov 26 23:56:49 2018'
>>> time.ctime(int(time.time()))
'Mon Nov 26 23:57:07 2018'
```

7）time.strftime(format[, t])：把一个代表时间的元组（如由 time.localtime() 和 time. gmtime() 返回）转化为格式化的时间字符串。如果 t 未指定，将传入 time.localtime()。如果元组中任何一个元素越界，将会抛出 ValueError 的错误。时间的元组格式化的含义，见表 4-3。

表 4-3　时间的元组格式化含义

格式	含　　义
%a	本地（locale）简化星期名称
%A	本地完整星期名称
%b	本地简化月份名称
%B	本地完整月份名称
%c	本地相应的日期和时间表示
%d	一个月中的第几天（01～31）
%H	一天中的第几个小时（24 小时制，00～23）
%I	第几个小时（12 小时制，01～12）
%j	一年中的第几天（001～366）
%m	月份（01～12）
%M	分钟数（00～59）
%p	本地 am 或者 pm 的相应符
%S	秒（01～61）
%U	一年中的星期数。（00～53，星期天是一个星期的开始。）第一个星期天之前的所有天数都放在第 0 周

格式	含　义
%w	一个星期中的第几天（0~6，0 是星期天）
%W	和%U 基本相同，不同的是%W 以星期一为一个星期的开始
%x	本地相应日期
%X	本地相应时间
%y	去掉世纪的年份（00~99）
%Y	完整的年份
%Z	时区的名字（如果不存在为空字符）
%%	'%'字符

时间元组、时间戳和格式化时间字符串之间的转换方法，如图 4-7 和图 4-8 所示。

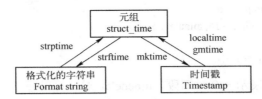

图 4-7　时间元组与时间字符串和时间戳之间的转换

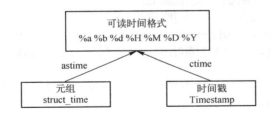

图 4-8　时间元组和时间戳转换成可读时间格式

2．datetime 模块

Python 中的 datetime 模块提供了操作日期和时间的功能，该模块重新封装了 time 模块，提供了 5 种核心对象：datetime（时间日期类型）、date（日期类型）、time（时间类型）、tzinfo（时区类型）、timedelta（时间差类型）。要使用 datetime 模块中的接口，需要先导入 datetime 模块，后面的示例中均省略了 import datetime 语句。

1）datetime 对象，可以用来表示精确的日期和时间，其实例化方法如下。

```
>>> birthday = datetime.datetime(year=1988, month=11, day=27)
>>> birthday
datetime.datetime(1988, 11, 27, 0, 0)
>>> birthday.month
11
>>> now = datetime.datetime.now()        # 返回当前时间
>>> now
datetime.datetime(2018, 11, 27, 0, 11, 29, 969494)
```

2）date 对象和 datetime 对象的区别在于：date 对象只能表示日期，不能表示时间（即其精确度为"天")。date 实例化时仅需要 3 个参数：year、month、day。date 对象是没有时区(tzinfo)属性的。

```
>>> from datetime import date
>>> birthday = date(year=1988, month=11, day=27)
>>> birthday
datime.date(1988, 11, 27)
>>> birthday.year
1988
```

3）time 对象，和 date 对象相反，time 对象只能用来表示时间，而不能用来表示日期。time 对象所表示的时间可以精确到微秒，支持的属性：hour（时），minute（分），second（秒），microsecond（微秒）和 tzinfo（时区）。

```
>>> from datetime import time
>>> now_time = time(hour=15, minute=25, second=50)
>>> now_time
datetime.time(15, 25, 50)
```

4）timedelta 对象，表示一个时间段，timedelta 对象可以通过手动实例化得到，也可以通过 3 个对象（datetime、date、time）相减得到。

```
>>> from datetime import datetime, timedelta
>>> now = datetime.now()          # 获取当前时间
>>> past = datetime(year=2017, month=9, day=16, hour=10)          # 定义一个过去时间
>>> delta = now – past        # 当前时间 now 与过去时间 past 相减
>>> delta
datetime.timedelta(days=438, seconds=291, microseconds=95305)
>>> past + delta
datetime.datetime(2018, 11, 28, 10, 4, 51, 95305)
>>> past + delta == now
True
```

5）tzinfo 对象，表示时区信息，用来表示该时区相对 UTC 时间的差值和该地区是否执行夏时令。

UTC 时间：协调世界时。现在用的时间标准，世界上不同时区的时间都是以 UTC 时间为基准。如：北京时间 = UTC 时间+8 小时。

DST：夏时令（daylight saving time）。因为夏天天亮得早，所以有的国家就在一年的某些时段把时间人为地调快 1 小时，使人们早睡，减少照明用电，充分利用光照资源，从而节约能源。

```
>>> tz_utc_8 = timezone(timedelta(hours=8))
>>> now = datetime.now()
>>> now
datetime.datetime(2019, 8, 14, 22, 34, 57, 775948)
>>> dt = now.replace(tzinfo=tz_utc_8)
>>> dt
datetime.datetime(2019, 8, 14, 22, 34, 57, 775948, tzinfo=datetime.timezone(datetime.timedelta(seconds=
```

```
28800)))
>>> tz_utc_7=timezone(timedelta(hours=7))           # 设置时区 UTC+7:00
>>> dt_new = now.replace(tzinfo=tz_utc_7)           # 设置 dt_new 时区为 UTC+7:00
>>> dt_new
datetime.datetime(2019, 8, 14, 22, 34, 57, 775948, tzinfo=datetime.timezone(datetime.timedelta(seconds=
25200)))
>>> dt_new.astimezone(tz_utc_8)                     # 将 dt_new 时区转换成 UTC+8:00
datetime.datetime(2019, 8, 14, 23, 34, 57, 775948, tzinfo=datetime.timezone(datetime.timedelta(seconds=
28800)))
```

上述示例中，dt 的时区设置为 UTC+8:00，dt_new 的时区设置为 UTC+7:00。当使用 astimezone 方法将 dt_new 的时区转换为 UTC+8:00 时，时间加了 1 小时。

4.2.4 随机数

Python 实现了一个内置模块 random，用于生成随机数。比如调用 random.randint 函数，即可生成 1 个随机整数，示例如下。

```
>>> import random
>>> print("Random int between 0 ~ 9: %s" % random.randint(0, 9))
Random int between 0 ~ 9: 8
>>> print("Random int between 0 ~ 9: %s" % random.randint(0, 9))
Random int between 0 ~ 9: 0
>>> print("Random int between 0 ~ 9: %s" % random.randint(0, 9))
Random int between 0 ~ 9: 2
>>> print("Random int between 0 ~ 9: %s" % random.randint(0, 9))
Random int between 0 ~ 9: 1
>>> print("Random int between 0 ~ 9: %s" % random.randint(0, 9))
Random int between 0 ~ 9: 9
```

下面介绍 random 模块中常用的几个函数。要使用 random 模块中的函数，必须先导入 random 模块，下面的示例中都省略了 import random 语句，测试时，请读者自行导入。

1．random（0~1 的随机浮点数）

random 用于生成一个 0~1 的随机符点数，不接受参数，示例如下。

```
>>> random.random()
0.8138788678304589
>>> random.random()
0.4955715533162288
>>> random.random()
0.365441751455824
>>> random.random()
0.2497585022811296
>>> random.random()
0.6197031703897398
```

2．uniform（a 与 b 之间的随机浮点数）

uniform 函数原型为：random.uniform(a, b)，用于生成一个指定范围内的随机符点数，两个参数其中一个是上限，另一个是下限。如果 a<b，则生成的随机数 n 值的范围为 a≤n≤ b；如果 a>b，则 b≤n≤a，示例如下。

```
>>> random.uniform(1, 10)
9.306307245089087
>>> random.uniform(1, 100)
52.86562055094094
>>> random.uniform(1, 15)
9.259730436124887
>>> random.uniform(1, 15)
6.918977598031255
>>> random.uniform(1, 15)
9.678438753384075
```

3．randint（a 到 b 之间的随机整数）

randint 函数原型为：random.randint(a, b)，用于生成一个指定范围内的整数。其中参数 a 是下限，参数 b 是上限，生成的随机数 n 的范围为 a≤n≤b，示例如下。

```
>>> random.randint(1, 10)
2
>>> random.randint(1, 100)
7
>>> random.randint(60, 100)
67
>>> random.randint(60, 100)
61
>>> random.randint(1, 1)
1
```

4．choice（从序列中随机取出一个元素）

choice 从序列中随机获取一个元素。其函数原型为：random.choice(sequence)。参数 sequence 表示一个有序类型，可以是：list、tuple、字符串等，示例如下。

```
>>> random.choice([4, 3, 7, 5, 1, 0, -2, "a"])
5
>>> random.choice((3, 4, 2, 1, 5, 9))
9
>>> random.choice("Hello World!")
'l'
>>> random.choice(range(10))
5
```

5．randrange（从指定范围获取随机数）

randrange 函数原型为：random.randrange([start], stop[, step])，从指定范围内按指定基数递增的集合中获取一个随机数。如：random.randrange(10, 100, 2)，结果相当于从[10, 12, 14, 16, ... 96, 98]序列中获取一个随机数。random.randrange(10, 100, 2)在结果上与 random.choice (range(10, 100, 2))等效，示例如下。

```
>>> random.randrange(1, 10, 3)
4
>>> random.randrange(1, 10, 2)
5
>>> random.randrange(1, 100, 10)
71
>>> random.randrange(1, 100, 10)
71
>>> random.randrange(0, 100, 10)
30
>>> random.randrange(0, 100, 10)
90
```

6．shuffle（打乱列表顺序）

shuffle 函数原型为：random.shuffle(x[, random])，用于将一个列表中的元素打乱，shuffle 函数会修改原有的列表，示例如下。

```
>>> ordered_list = list(range(5))
>>> ordered_list
[0, 1, 2, 3, 4]
>>> random.shuffle(ordered_list)
>>> ordered_list                    # 原列表元素被打乱
[1, 4, 2, 3, 0]
```

7．sample（从指定序列中随机获取 k 长度片断）

sample 函数原型为：random.sample(sequence, k)，从指定序列中随机获取指定 k 长度的片断。sample 函数不会修改原有序列，示例如下。

```
>>> old_lsit = list(range(10))
>>> random.sample(old_lsit, 5)      # 从列表中随机获取长度为 5 的片断
[3, 8, 6, 5, 0]
>>> old_lsit                        # 原序列保持不变
[0, 1, 2, 3, 4, 5, 6, 7, 8, 9]
>>> old_set = set(range(1, 10))
>>> random.sample(old_set, 5)
[1, 5, 2, 3, 8]
>>> old_set                         # 原序列保持不变
{1, 2, 3, 4, 5, 6, 7, 8, 9}
>>> random.sample("Hello World!", 5)
['e', 'o', 'l', 'l', 'W']
```

4.3　自定义函数

在 Python 中，可以根据需要自定义功能函数，以提高程序的模块化程度和代码的重复利用率。

4.3.1 函数定义

定义一个函数要使用 def 语句，依次写出函数名、括号、括号中的参数和冒号，然后在缩进块中编写函数体，函数的返回值用 return 语句返回。

下面通过一个实现加法运算的函数举例说明，通过 PyCharm 的 Python 控制台也可以定义函数，示例如下。

```
>>> def add(a, b):
...        ret = a + b              # 自动缩进
...        return ret
...                                 # 代码缩进完成后，直接在新的一行按〈Enter〉键，即可完成函数缩进
>>>
```

在 Python 控制台，编写代码块（如函数、if 语句、for 循环），按〈Enter〉键换行时，会在第一行的前面出现 "…"，同时工具会根据需要自动缩进，无须手动缩进。

函数定义好后，即可直接在控制台调用，程序的返回结果会被输出到控制台。

```
>>> add(1, 5)
6
```

定义函数，需要遵循以下简单的规则。

1）函数代码块以 def 关键词开头，后接函数标识符名称、圆括号和冒号。

2）需要传入的参数必须放在圆括号中，参数之间以逗号分隔。函数可以没有参数，但括号必须保留。

3）函数的第一行语句可以选择性地使用文档字符串，用于存放函数说明。

4）函数内容以冒号起始，函数体中的代码必须缩进。

5）return[表达式] 结束函数，返回需要的值给调用方。不带表达式的 return 或者无 return 语句相当于返回 None。

下面在 PythonPractices 项目中创建 Prac 4-7: define_function.py 文件，用于测试定义函数，在 Prac 4-7: define_function.py 实现如下代码。

Prac 4-7: define_function.py

```python
#!/usr/bin/env python
"""
Copyright 2018 by Cynthia Wong
Practice defining function
"""
def add(a, b):                              # PEP 8 要求函数定义前面空两行
    """
    Calculate the sum of a + b
    :param a: left operator
    :param b: right operator
    :return: result value of a + b
    """
    ret = a + b
return ret
```

通过 PyCharm 编写 Python 程序时，工具会自行检查语法错误，或者不遵循 PEP 8 的语法。定义函数时，前面要求空两行，如果前面的空行不满足要求，PyCharm 将会在代码行下面标注黄色波浪线进行提示，如图 4-9 所示。

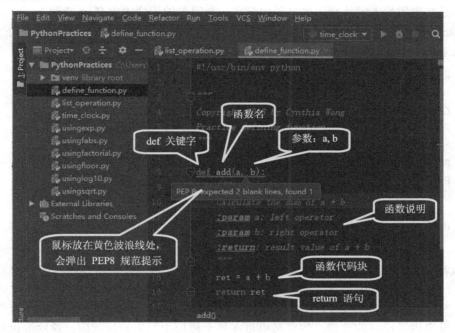

图 4-9　PyCharm 提示语法不满足 PEP 8 规范

在 Prac 4-7: define_function.py 程序文件中加入函数调用代码，然后运行程序文件即可测试函数，具体代码实现如下。

```
# Test add function
print("10 + 5 = %s" % add(10, 5))
print("23 + 27 = %s" % add(23, 27))
print("5.3 + 2.4 = %s" % add(5.3, 2.4))
```

运行 Prac 4-7: define_function.py 程序，结果如图 4-10 所示。

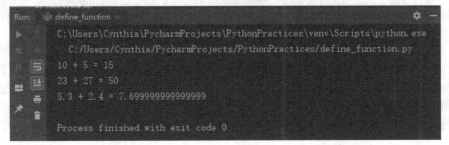

图 4-10　练习程序 Prac 4-7: define_function.py 运行结果

4.3.2　main 函数

程序员在学习编程的过程中，都会用到 main 函数，Python 也不例外。main 函数是程序执行的起点，但 Python 解释器是按顺序执行源文件代码的，Python 使用缩进对齐来组织代码的执行，没有缩进的代码（非函数定义和类定义）都会在载入时自动执行。当文件作为模块导入时它也将会被执行。这就是为什么 Python 程序中的 main 方法只在程序直接运行时执行，而不是在模块导入时执行。先看看如何在一个简单的程序中定义 python main 函数，在 PythonPractices 项目中创建 simple_main_function.py (Prac 4-8)程序文件，并编写如下代码。

Prac 4-8: simple_main_function.py

```python
#!/usr/bin/env python
"""
Copyright 2018 by Cynthia Wong
Practice defining and using main function
"""
print("Hello World!")
print("__name__ value: ", __name__)
def main():
    print("Python main function here!")
if __name__ == '__main__':
    main()
```

当执行 Python 程序时，Python 解释器开始执行代码。代码中还设置了一些隐式变量值，比如 __name__，用于区分是主执行文件还是被调用的文件。当文件是被调用时，__name__ 的值为模块名，当文件被直接执行时，__name__ 为 __main__。这个特性，为测试驱动开发提供了极好的支持，程序员可以在每个模块中写上测试代码，这些测试代码仅当模块被 Python 直接执行时才会运行，这样代码和测试就完美地结合在一起了。

练习程序 simple_main_function.py (Prac 4-8) 运行结果如图 4-11 所示。

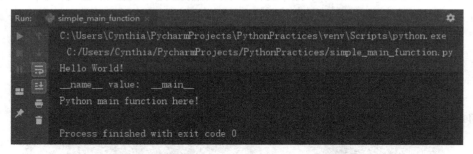

图 4-11　练习程序 simple_main_function.py (Prac 4-8) 运行结果

在 PythonPractices 项目中创建练习程序 math_function.py (Prac 4-9)，将 Prac 4-7: define_function.py 程序文件中的 add 函数定义复制到新的程序文件中，并编写 main 函数用于测试调用 add 函数。

Prac 4-9: math_function.py

```python
#!/usr/bin/env python
"""
Copyright 2018 by Cynthia Wong
Math relative function implementation
```

```
"""
print("Math relative function implementation!")
def add(a, b):
    """
    Calculate the sum of a + b
    :param a: left operator
    :param b: right operator
    :return: result value of a + b
    """
    ret = a + b
    return ret
def main():
    """
    main function implementation
    :return:
    """
    # test add function
    print("10 + 5 = %s" % add(10, 5))
    print("23 + 27 = %s" % add(23, 27))
    print("5.3 + 2.4 = %s" % add(5.3, 2.4))
if __name__ == '__main__':
    # main program entry
    main()
```

直接运行上面的练习程序，main 函数就会被执行，运行如果如图 4-12 所示。

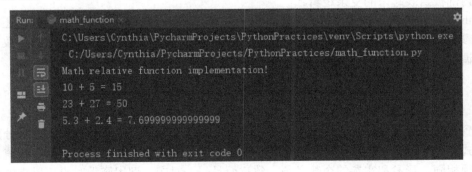

图 4-12　练习程序 math_function.py (Prac 4-9)运行如果

下面创建新的练习程序 call_add_function.py(Prac 4-10)，编写程序时调用 math_function.py (Prac 4-9) 中的 add 函数，代码如下。

Prac 4-10: call_add_function.py

```
#!/usr/bin/env python
"""
Copyright 2018 by Cynthia Wong
Practice calling add function from math_function.py
"""
import math_function
```

```
def main():
    # main function
    # call add function
    print("5 + 15 = %s" % math_function.add(5, 15))
if __name__ == '__main__':
    main()
```

程序运行后，结果如图 4-13 所示。

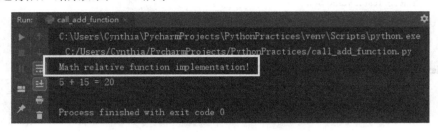

图 4-13　练习程序 call_add_function.py (Prac 4-10) 运行结果

从运行结果可以看出，当导入 math_function.py 模块后，没有放在 main 函数中的代码都会被执行，但在 main 函数中的代码未被执行。

4.3.3　函数参数

定义函数时，把参数的名字和位置确定下来，函数的接口定义就完成了。对于函数的调用者来说，只需要知道如何传递正确的参数，以及函数将返回什么样的值就可以了，无须了解函数内部被封装起来的复杂逻辑。

Python 的函数定义非常简单，灵活度也非常大。除了正常定义的位置参数外，还可以使用默认参数、可变参数和关键字参数，使得函数定义的接口，不但能处理复杂的参数，还可以简化调用者的代码。

1．位置参数

```
def func(arg1, arg2, …)
```

位置参数是常见的定义方式，一个函数可以定义多个参数，每个参数间用逗号分隔。用这种方式定义的函数在调用的时候必须在函数名后的小括号里提供个数相等的参数值，而且顺序必须相同。形参和实参的个数必须一致，而且一一对应。调用函数时也可以指定参数的名称，且与函数声明时的参数名称一致，这种调用方式叫作关键字调用，允许参数的顺序与声明时不一致，仅根据指定的参数进行赋值，示例如下。

```
# 函数定义
def foo(x, y):
    print 'x is %s' % x
    print 'y is %s' % y

if __name__ == '__main__':
    # 标准调用
    foo(1, 2)
```

```
# 关键字调用
foo(y = 1, x = 2)
```

2．默认参数

在函数声明时，指定形参的默认值，调用时可不传入该参数（使用设定的默认值），示例如下。

```
def tax(cost, rate = 0.17):
    print cost * (1 + rate)
if __name__ == '__main__':
    # rate 使用默认值 0.17
    tax(1000)
    # rate 指定为 0.05
    tax(1000, 0.05)
```

使用默认值时，rate 为 0.17，结果为 1170；在指定参数 rate 时，rate 为 0.05，结果为 1050。

```
1170.0          # tax(1000)的输出
1050.0          # tax(1000, 0.05)的输出
```

4.3.4　函数返回值

Python 不仅可以将参数值传递给函数，函数同样也可以生成值。图 4-14 所示为一个平方函数的逻辑流程图。

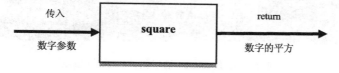

图 4-14　Python 函数逻辑流程图

Python 函数返回值使用语句 return。如果没有返回值，那么会得到一个结果是 None 的对象，而 None 表示没有任何值。返回值有两种形式。

1．返回一个值

```
def square(x):
    y = x * x
    return y
toSquare = 10
result = square(toSquare)
print "The result of " + str(toSquare) + " squared is " + str(result)
```

return 语句跟在一个计算表达式的后面，它的结果作为调用此函数的"结果"返回给调用者。因为 return 语句可以包含任何 Python 表达式，所以可以简单地使用 return x * x 语句返回值。修改上面的平方函数，也可以得到同样的结果。

```
def square(x):
```

```
        return x * x            # 直接将表达式 x * x 放在 return 后面
toSquare = 10
result = square(toSquare)
print "The result of " + str(toSquare) + " squared is " + str(result)
```

2. 返回多个值

返回语句一旦执行，即使它不是函数中的最后一个语句，也会立即终止函数的执行。在以下代码中，当第 3 行执行时，返回值 5 并将其分配给变量 x，然后打印。第 4 行和第 5 行永远不会执行。运行以下代码并尝试对其进行一些修改，以确保读者理解为什么 "there" 和 10 永远无法打印出来。

```
def return_test():
    print("here")
    return(5)
    print("there")            # 这一行代码及其后面的代码，都将不会执行
    return(10)
ret = return_test()
print("the return value is %s" % ret)
```

上面的程序运行结果，如图 4-15 所示。

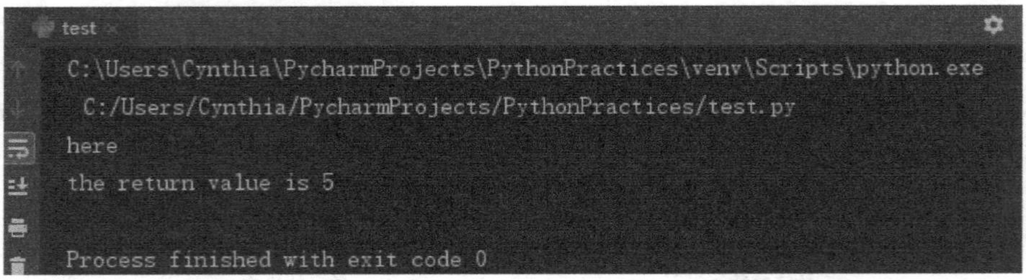

图 4-15　函数 returen 语句测试程序运行结果

在 PyCharm 中编写上面的程序，工具也会自动提示 "The code is unreachable（代码行不可达）"，如图 4-16 所示。

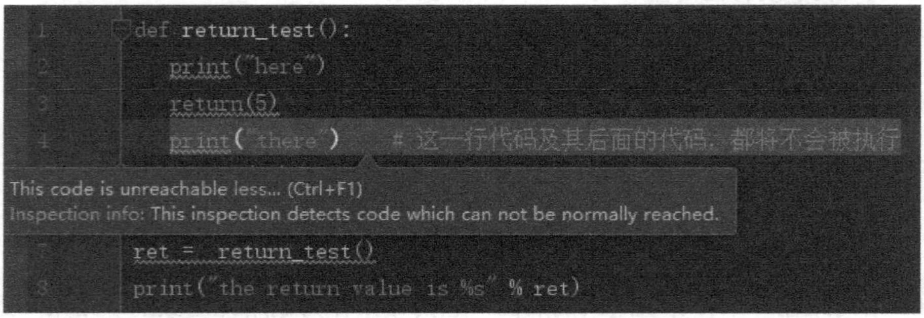

图 4-16　PyCharm 编辑区域代码不可达提示

4.3.5 嵌套函数

Python 允许在定义函数的时候，其函数体内又包含另外一个函数的完整定义，这就是嵌套，示例如下。

```
def out_fun():
    def inner_fun_0():    # 在内部定义一个函数
        print("This is the first inner function")
        return
    def inner_fun_1():    # 在内部定义另外一个函数
        print("This second inner function")
        return

    inner_fun_0()  # 使用 inner_fun_0
    inner_fun_1()  # 使用 inner_fun_1
    return
out_fun()  # 调用 outFun 函数
```

程序运行结果如下：

```
This is the first inner function
This second inner function
```

上面的程序在 out_fun 的函数中定义了两个函数：inner_fun_0 和 inner_fun_1。定义后，即可在函数内部调用这两个函数。像这种定义在函数内的函数叫作内部函数，内部函数所在的函数叫作外部函数，可多层嵌套。

那么一般在什么情况下会使用嵌套函数呢？以下是 3 种常用的情况。

1．封装-数据隐藏

可以使用内层函数来保护它们不受函数外部变化的影响，也就是说把它们从全局作用域中隐藏起来。来看一个简单的例子，内部函数实现自加 1 的功能。

```
def outer(num1):
    def inner_increment(num1):    # Hidden from outer code
        return num1 + 1
    num2 = inner_increment(num1)
    num3 = inner_increment(num2)
    print(num1, num2, num3)
inner_increment(10)
```

上面代码的执行结果如下。

```
10 11 12
```

在外面尝试调用 inner_increment()，会报 NameError 错误。

```
Traceback (most recent call last):
  File "inner.py", line 7, in <module>
    inner_increment()
NameError: name 'inner_increment' is not defined
```

这是因为 inner_increment 被定义在 outer()的内部，被隐藏了起来，所以外部无法访问。

2．贯彻 DRY 原则

DRY（Don't Repeat Yourself）是指在程序设计以及计算中避免重复代码，因为重复代码会降低程序的灵活性、简洁性，并且有可能导致代码之间的矛盾。DRY 更多的是一种架构设计思想，在软件开发过程中均可能重复，大到标准、框架、开发流程；中到组件、接口；小到功能、代码等。而 DRY 提倡的就是在软件开发过程中尽可能消除这些自我重复。

假设有一个较大的函数，它在许多地方执行相同的代码块，代码块的功能是处理文件，可以接受打开的文件对象或文件名，封装代码实现如下。

```
def process(file_name):
    def do_stuff(file_process):
        for line in file_process:
            print(line)
    if isinstance(file_name, str):
        with open(file_name, 'r') as f:
            do_stuff(f)
    else:
        do_stuff(file_name)
```

通过函数嵌套的办法，可以减少代码重复，同时还可以将数据封装隐藏在 process 函数内部。

3．函数作为返回值

高阶函数除了可以接受函数作为参数外，还可以把函数作为结果值返回。举例实现一个对数组的求和。通常情况下，求和的函数是这样定义的。

```
function sum(arr) {
    return arr.reduce(function (x, y) {
        return x + y;
    });
}
sum([1, 2, 3, 4, 5]); // 15
```

但是，如果不需要立刻求和，而是在后面的代码中，根据需要再计算怎么办呢？可以不返回求和的结果，而是返回求和的函数。

```
function lazy_sum(arr) {
    var sum = function () {
        return arr.reduce(function (x, y) {
            return x + y;
        });
    }
    return sum;
}
```

当调用 lazy_sum()时，返回的并不是求和结果，而是求和函数。

```
var f = lazy_sum([1, 2, 3, 4, 5]);        // 得到的是 function sum()函数
```

调用函数 f 时，才真正计算求和的结果。

```
f();        // 调用结果会得到 15
```

在这个例子中，函数 lazy_sum 中又定义了函数 sum，并且内部函数 sum 可以引用外部函数 lazy_sum 的参数和局部变量，当 lazy_sum 返回函数 sum 时，相关参数和变量都保存在返回的函数中，这种称为"闭包（Closure）"。注意到返回的函数在其定义内部引用了局部变量 arr，所以，当函数返回了一个函数后，其内部的局部变量还被新函数引用。

4．闭包

闭包（Closure）是函数式编程重要的语法结构，Python 也支持这一特性。闭包是词法 Lexical Closure 的简称，是引用了自由变量的函数。这个被引用的自由变量将和这个函数一同存在，即使已经离开了创造它的环境也不例外。所以，闭包是由函数和与其相关的引用环境组合而成的实体。简单来说就是一个函数定义中引用了函数外定义的变量，并且该函数可以在其定义环境外被执行。

Python 语言中形成闭包的 3 个条件。

1）必须有一个内嵌函数。

2）内嵌函数必须引用一个定义在闭合范围内（即外部函数里）的变量，内部函数引用外部变量。

3）外部函数返回值是这个内嵌函数。

闭包示例如下。

```
def generate_add(left_num):
    """
    Usage Examples:

    >>> add_five = generate_add(5)
    >>> add_ten = generate_add (10)
    >>> print(add_five(10))
    15
    >>> print(add_five(7))
    12
    >>> print(add_ten(7))
    17
    """
    # Define the inner function ...
    def inter_add(right_num):
        return left_num + right_num
    # ... that is returned by the factory function.
    return inter_add
```

示例代码详细描述如下。

1）generate_add() 函数被称为工厂函数，每次函数被调用时，会创建一个新的函数，并返回这个新创建的函数。示例使用说明中，add_five() 和 add_ten() 就是两个通过调用 generate_add() 函数生成的新函数。

2）返回函数的功能：接受一个数字参数 right_num，并返回 right_num 与 left_num 相加的结果。

3）left_num 值是从外部函数 generate_add()函数获取的，所以每次调用 add_five()函数时，left_num 的值都是 5。

4.3.6 lambda 函数

lambda 函数也称匿名函数，没有函数名称，它允许快速定义单行函数。

lambda 函数的基本格式如下。

lambda 参数:表达式

关键字 lambda 表示匿名函数，冒号前面是函数参数，冒号后面是函数的返回值，注意这里不需使用 return 关键字。下面以 map()函数为例，计算 f(x)=x^2 时，除了定义一个 f(x)的函数外，还可以直接传入匿名函数。

```
>>> map(lambda x: x * x, [1, 2, 3, 4, 5, 6, 7, 8, 9])
[1, 4, 9, 16, 25, 36, 49, 64, 81]
```

通过对比可以看出，匿名函数 lambda x: x * x 实际上就是如下所示的代码。

```
def f(x):
    return x * x
```

匿名函数有个限制，就是只能有一个表达式，不用写 return，返回值就是该表达式的结果。

用匿名函数有个好处，因为函数没有名字，所以不必担心函数名冲突。此外，匿名函数也是一个函数对象，也可以把匿名函数赋值给一个变量，再利用变量来调用该函数。

```
>>> f = lambda x: x * x
>>> f
<function <lambda> at 0x10453d7d0>
>>> f(5)
25
```

同样，也可以把匿名函数作为返回值返回。

```
def build(x, y):
f = lambda x: x * x
return f
```

4.4 模块和包

1．模块

在计算机程序的开发过程中，随着程序代码量的增多，维护也会变得不容易。为了编写可维护的代码，可以把很多函数分类，分别放到不同的文件里。这样每个文件包含的代码就相对较少，代码功能也相对独立，易于管理和使用。在 Python 中，一个.py 文件就称之为一个模块（Module）。

使用模块可以提高代码的可维护性。在编写程序的时候，经常引用其他模块，包括

Python 内置的模块和来自第三方的模块。

使用模块还可以避免函数名和变量名冲突。相同名字的函数和变量可以分别存在不同的模块中，这样就不会产生冲突，但是要避免与内置函数名冲突。

2. 包

在模块的概念上，Python 又为了方便管理而将文件进行打包，按目录来组织模块，这种方法称为包（Package）。

包是一种使用".模块名称"构造 Python 模块命名空间的方法。例如模块名称 A.B 表示：名为 B 的子模块在名为 A 的包中。使用".模块名称"，使得 NumPy 或 Pillow 等多模块软件包不必担心彼此的模块名称与其他作者的模块名称冲突。

包结构示例如下。

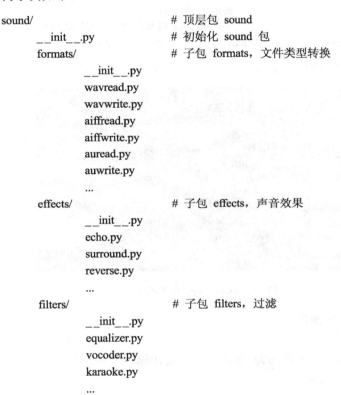

```
sound/                          # 顶层包 sound
    __init__.py                 # 初始化 sound 包
    formats/                    # 子包 formats，文件类型转换
        __init__.py
        wavread.py
        wavwrite.py
        aiffread.py
        aiffwrite.py
        auread.py
        auwrite.py
        ...
    effects/                    # 子包 effects，声音效果
        __init__.py
        echo.py
        surround.py
        reverse.py
        ...
    filters/                    # 子包 filters，过滤
        __init__.py
        equalizer.py
        vocoder.py
        karaoke.py
        ...
```

__init__.py 文件的作用是将文件夹转变为一个 Python 模块，Python 中的每个包目录下，都有 __init__.py 文件。__init__.py 文件是必须存在的，否则，Python 就把这个目录当成普通目录，而不是一个包。__init__.py 可以是空文件，也可以有 Python 代码，因为 __init__.py 本身就是一个模块，而它的模块名称是它所在的文件夹名。比如 sound 文件夹中的 __init__.py 模块名就是 sound。

注意：创建模块时要注意命名不能和 Python 内置的模块名称冲突。例如，系统自带了 sys 模块，如果定义了同名的模块，则将无法导入系统自带的 sys 模块。

4.4.1 构建模块和包

在任务 2 中设计并实现了一个简单的计算器程序，下面以此程序为例，讲解封装包的过程。将计算器程序封装成 calculators 包，并分别实现加、减、乘、除模块，其中除法运算包含普通除法运算"/"和向下取整除法运算"//"。具体的包的结构如下。

```
calculators/                      # 顶层包 calculators
    __init__.py                   # 初始化 calculators 包
    addition.py                   # addition 模块，加法运算功能
    subtraction.py                # subtraction 模块，减法运算功能
    multiplication.py             # multiplication 模块，乘法运算功能
    division/                     # 子包 division，除法运算子包
        __init__.py               # 初始化 division 子包
        floor_division.py         # floor_division 模块，向下取整除法运算
        ord_division.py           # ord_division 模块，普通除法运算
```

在 PythonPractices 项目中创建 calculators 包及其模块，如图 4-17 所示。

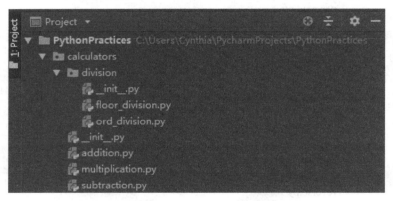

图 4-17　包 calculators 的结构

各模块及子模块的代码实现如下。

1．addition 模块

在 calculators/addition.py 中实现 add 函数，功能是计算两个数的和，并返回结果。

```python
#!/usr/bin/env python
"""
Copyright 2018 by Cynthia Wong
This is a simple calculator program
Implemented function of addition
"""
def add(left_num, right_num):
    """
    addition function
    :param left_num: left operator
    :param right_num: right operator
    :return: the result of left_num + right_num
```

```
"""
    return left_num + right_num
```

2. subtraction 模块

在 calculators/subtraction.py 中实现 sub 函数，功能是计算两个数的减法运算，并返回计算结果。

```
#!/usr/bin/env python
"""
Copyright 2018 by Cynthia Wong
This is a simple calculator program
Implemented function of subtraction
"""
def sub(left_num, right_num):
    """
    subtraction function
    :param left_num: left operator
    :param right_num: right operator
    :return: the result of left_num - right_num
    """
    return left_num - right_num
```

3. multiplication 模块

在 calculators/multiplication.py 中实现了 multi 函数，功能是计算两个数的乘法运算，并返回计算结果。

```
#!/usr/bin/env python
"""
Copyright 2018 by Cynthia Wong
This is a simple calculator program
Implemented function of multiplication
"""
def multi(left_num, right_num):
    """
    multiplication function
    :param left_num: left operator
    :param right_num: right operator
    :return: the result of left_num * right_num
    """
    return left_num * right_num
```

4. 子包 division 中的 ord_division 模块

在 calculators/division/ord_division.py 中实现了 ordinary 函数，功能是计算两个数的除法运算，并返回计算结果。

```
#!/usr/bin/env python
"""
Copyright 2018 by Cynthia Wong
```

```
This is a simple calculator program
Implemented function of ordinary division
"""
def ordinary(left_num, right_num):
    """
    ordinary division function
    :param left_num: left operator
    :param right_num: right operator
    :return: the result of left_num / right_num
    """
    return left_num / right_num
```

5．子包 division 中的 floor_division 模块

在 calculators/division/floor_division.py 中实现了 floor 函数，功能是计算两个数的向下取整的除法运算，并返回计算结果。

```
#!/usr/bin/env python
"""
Copyright 2018 by Cynthia Wong
This is a simple calculator program
Implemented function of floor division
"""
def floor(left_num, right_num):
    """
    floor division function
    :param left_num: left operator
    :param right_num: right operator
    :return: the result of left_num // right_num
    """
    return left_num // right_num
```

构建好模块和包以后，即可以通过使用 import 语句导入模块，调用模块中的函数。

4.4.2　import 语句

首先在 PythonPractices 项目中创建示例文件 using_calculators_package.py (Prac 4-11)。

Prac 4-11: using_calculators_package.py

```
#!/usr/bin/env python
"""
Copyright 2018 by Cynthia Wong
This is a simple calculator program
Using calculators package
"""
```

通过 import 语句，即可导入包中的一个模块，具体代码如下。

```
import calculators.addition
```

使用 addition 模块中的 add 函数时，必须将模块的名称写完整。

```
print("%s + %s = %s" % (25, 35, calculators.addition.add(25, 35)))
```

为了使用方便和简洁，Python 支持导入时，可将模块命名别名，具体代码如下。

```
import calculators.addition as add
```

调用 add 函数时，可直接使用 add.add，具体代码如下。

```
print("%s + %s = %s" % (25, 35, add.add(25, 35)))
```

4.4.3 from import 语句

另一种导入模块的方法是使用 from import 语句，导入 subtraction 模块的语句如下。

```
from calculators import subtraction
```

接下来便可以这样调用 subtraction 模块中的 sub 函数。

```
print("%s - %s = %s" % (10, 25, subtraction.sub(10, 25)))
```

也可以导入子包 division 中的模块。

```
from calculators.division import ord_division as ord_new
```

调用 ord_division 模块中的 ordinary 函数示例如下。

```
print("%s / %s = %s" % (10, 25, ord_new.ordinary(10, 25)))
```

使用 from import 语句可以直接导入模块中的一个函数或者变量，而使用 import 语句是不可以单独导入模块中的一个变量的。直接导入 multi 函数后，即可直接调用 multi 函数。

```
from calculators.multiplication import multi
print("%s * %s = %s" % (5, 6, multi(5, 6)))
```

4.4.4 from import * 语句

使用 from import * 语句可以将模块中的所有变量导入。

下面以导入 floor_division 模块中的所有变量为例，使用 from import *语句后，floor_division 模块中的所有变量都可以直接使用。

```
from calculators.division.floor_division import *
print("%s // %s = %s" % (25, 10, floor(10, 25)))
```

下面在 calculators 模块中创建一个幂运算的模块 calculators/power.py (Prac 4-12)，模块中包含了平方和立方的运算函数，也包含了其他的幂运算功能，代码示例如下。

Prac 4-12: calculators/power.py

```
#!/usr/bin/env python
"""
Copyright 2018 by Cynthia Wong
This is a simple calculator program
```

```
Implemented function of subtraction
"""
def power(basic, power_arg):
    """
    calculate basic ** power_arg
    :param basic:
    :param power:
    :return: the result of basic ** power_arg
    """
    return basic ** power
def square(basic):
    """
    calculate basic * basic
    :param basic:
    :return: the result of basic * basic
    """
    return basic * basic
def cube(basic):
    """
    calculate basic * basic * basic
    :param basic:
    :return: the result of basic * basic * basic
    """
    return basic * basic * basic
```

通过如下导入语句，便可直接使用幂运算模块中的所有函数。

```
from calculators.power import *
print("2 ** 4 = %s" % power(2, 4))
print("2 ** 2 = %s" % square(2))
print("2 ** 3 = %s" % cube(2))
```

4.4.5　导入模块和包程序

通过前面小节的学习，掌握了模块的导入方法，下面通过示例代码练习导入语句的使用。在 PythonPractices 项目中创建练习程序 using_calculators_package.py (Prac 4-13)，代码如下。

Prac 4-13: using_calculators_package.py

```
#!/usr/bin/env python
"""
Copyright 2018 by Cynthia Wong
This is a simple calculator program
Using calculators package
"""
import calculators.addition
import calculators.addition as add
```

```
from calculators import subtraction
from calculators.division import ord_division as ord_new
from calculators.multiplication import multi
from calculators.division.floor_division import *
from calculators.power import *
print("%s + %s = %s" % (25, 35, calculators.addition.add(25, 35)))
print("%s + %s = %s" % (25, 35, add.add(25, 35)))
print("%s - %s = %s" % (10, 25, subtraction.sub(10, 25)))
print("%s / %s = %s" % (10, 25, ord_new.ordinary(25, 10)))
print("%s * %s = %s" % (5, 6, multi(5, 6)))
print("%s // %s = %s" % (25, 10, floor(25, 10)))
print("2 ** 4 = %s" % power(2, 4))
print("2 ** 2 = %s" % square(2))
print("2 ** 3 = %s" % cube(2))
```

示例程序的运行结果，如图 4-18 所示。

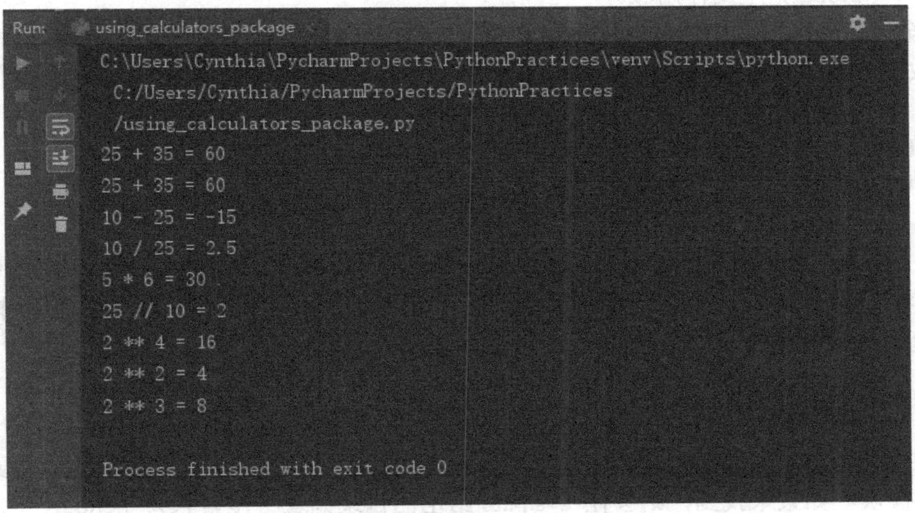

图 4-18　练习程序 using_calculators_package.py (Prac 4-13) 的运行结果

4.4.6　命名空间和作用域

在 Python 程序中，创建、改变、查找变量名时，都是在一个保存变量名的空间中进行的，称之为命名空间，也被称之为作用域。Python 的作用域是静态的，在代码中变量名被赋值的位置决定了该变量能被访问的范围，即 Python 变量的作用域由变量所在代码中的位置决定。

● 全局变量：所有函数之外定义的变量。

● 局部变量：函数内部定义的变量或者代码块里的变量。

定义在函数内部的变量拥有局部作用域，定义在函数外部的变量拥有全局作用域。局部变量只能在其被声明的函数内部访问，而全局变量可以在整个程序范围内访问。调用函数时，函数内声明的变量名称都将被加入到作用域中。

Python 的作用域一共有 4 种。

1）L（Local）局部作用域。

局部变量：包含在 def 关键字定义的语句块中，即在函数中定义的变量。每当函数被调用时，都会创建一个新的局部作用域。Python 中如有递归，即自己调用自己，每次调用都会创建一个新的局部命名空间。在函数内部的变量声明，除非特别声明为全局变量，否则均默认为局部变量。有时需要在函数内部定义全局变量，这时可以使用 global 关键字来声明变量的作用域为全局。局部作用域就像一个栈，仅仅是暂时的存在，依赖创建该局部作用域的函数来判断是否处于活动的状态。所以一般建议尽量少定义全局变量，因为全局变量在模块文件运行的过程中会一直存在，并占用内存空间。

2）E（Enclosing）闭包函数外的函数中。

E 也包含在 def 关键字中，E 和 L 是相对的，E 相对于更上层的函数而言也是 L。与 L 的区别在于，对一个函数而言，L 是定义在此函数内部的局部作用域，而 E 是定义在此函数的上一层，即父级函数的局部作用域，主要是为了实现 Python 的闭包而增加的实现。

3）G（Global）全局作用域。

G 全局作用域即在模块层次中定义的变量，每个模块都是一个全局作用域。也就是说，在模块文件顶层声明的变量具有全局作用域，从外部看来，模块的全局变量就是一个模块对象的属性。全局作用域的作用范围仅限于单个模块文件内。

4）B（Built-in）内建作用域。

B 内建作用域是系统内固定模块里定义的变量，如预定义在内置（Built-in）模块内的变量。

Python 以 L→E→G→B 的规则查找，即在局部找不到，便会去局部外的局部找（例如闭包），再找不到就会去全局找，再然后去内建中找。这也是为什么不能使用保留字作为变量名的原因，如果使用了，则内建的函数或变量内容就会被覆盖。

4.4.7　模块搜索路径

当使用 import 语句导入名为 hello 的模块时，Python 解释器首先在内置模块中搜索是否有 hello 模块，如果未找到，则会在 sys.path 给出的目录列表中搜索名为 hello.py 的文件。

sys.path 是从以下位置初始化而来的。

1）包含 hello.py 文件当前目录。

2）Pythonpath 环境变量。

3）安装的第三方模块目录。

sys 本身就是 Python 的一个内置模块。sys.path 存放了指定模块搜索路径的一个列表。下面通过示例列出 sys.path 的内容。在 PythonPractices 项目中创建 using_sys.py (Prac 4-14) 练习程序文件，示例代码如下。

Prac 4-14: using_sys.py

```
#!/usr/bin/env python
"""
Copyright 2018 by Cynthia Wong
This is a simple calculator program
Practice using sys module
```

```
"""
import sys

print("Type of sys.path: %s" % sys.path)
for one_path in sys.path:
    print(one_path)
```

练习程序的运行结果，如图 4-19 所示。

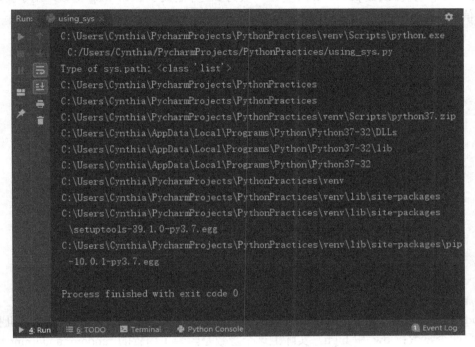

图 4-19　练习程序 using_sys.py (Prac 4-14)的运行结果

从程序运行结果可以看出，Python 解释器会先将当前项目所在的目录添加到 sys.path 中。

4.5　任务实现

通过本章前面内容的学习，了解了什么是函数，掌握了函数的使用及自定义的方法，并讲解了一些常用的函数及其用法示例，还掌握了模块和包的概念，以及如何构建自己的模块和包。

下面通过学习到的知识，按步骤编程实现任务猜数字程序。

1．创建 guessnumber 程序的包结构

在 PythonPractices 项目中创建 guessnumber 包，并在 guessnumber 包中创建如下的模块及子包。

```
guessnumber/                    # guessnumber 包顶层
    __init__.py                 # 初始化 guessnumber 包
    guess.py                    # guess 模块，猜数字程序的入口
```

```
utils/                                  # utils 子包
    __init__.py                         # 初始化 utils 子包
    randomfunc.py                       # randomfunc 模块，随机数的生成
    util.py                             # util 模块，帮助函数以及全局变量的定义
```

2．util 模块的实现

在 util 模块中定义了猜数字程序随机数范围的最小值 low = 1 和 最大值 high = 50，还定义了用户最大猜测次数 guess_limit 变量，值为 5。并定义了 help_msg 函数，用于打印程序的帮助信息。

```python
#!/usr/bin/env python
"""
Copyright 2018 by Cynthia Wong
Implementation of utils for the guessing program
"""
low = 1
high = 50
guess_limit = 5
def help_msg():
    """
    print help information of guessing program
    :return:
    """
    print("Guess a number between {0} and {1}".format(low, high))
    print("You have {0} guesses to get the right number".format(guess_limit))
```

3．randomfunc 模块

randomfunc 模块中定义了 random_num 函数，用于获取两个整数之间的一个随机整数。函数接受两个参数：low 和 high。实际上这个函数是封装了内置的 random.randomint 函数，这个函数的功能就是返回两个数之间的随机数。这里将其封装，是为了让读者更形象地理解函数、模块及包的用法。

```python
#!/usr/bin/env python
"""
Copyright 2018 by Cynthia Wong
Implementation of random function
"""
from random import randint
def random_num(low, high):
    """
    get a random integer number from low to high
    :param low: the low integer number
    :param high: the high integer number
    :return: the random integer
    """
    return randint(low, high)
```

4. guess 模块

guess 模块是程序的入口程序，该程序的 guess_main 函数实现了整个程序的逻辑，代码实现如下。

```python
#!/usr/bin/env python
"""
Copyright 2018 by Cynthia Wong
Implementation of guessing number program
"""
# 导入猜数字的范围值，最大猜测次数及 help_msg 函数
from guessnumber.utils.util import low, high, guess_limit, help_msg
# 导入随机数生成函数
from guessnumber.utils.randomfunc import random_num
def guess_main():
    """
    Guessing program entry point
    :return:
    """
    # 打印帮助
    help_msg()
    # 用户猜测的次数记录，初始化为 0
    guess_count = 0
    # 调用 random_num 生成需要猜的随机整数
    number = random_num(low, high)
    # while 循环，让用户猜测
    while guess_count < guess_limit:
        guess = int(input('What\'s your guess? '))
        if guess < low or guess > high:
            print("Value out of range ({0} - {1})".format(low, high))
        else:
            guess_count += 1
            if guess < number:
                print("Your guess was too low")
            if guess > number:
                print("Your guess was too high")
            if guess == number:
                print("Congrats, you guess right!!!")
                return
    print("Great, you already tried {0} times, you failed!".format(guess_limit))
if __name__ == '__main__':
    guess_main()
```

guess_main 函数首先调用 help_msg 函数打印程序的帮助信息，然后调用 random_num 函数生成随机数，接下来使用 while 循环等待用户猜测，用户最多可以猜测 5 次。

运行 guess.py 程序，结果如图 4-20 所示。

图 4-20　guess.py 程序运行结果

4.6　小结

本章以猜数字程序为任务目标，展开了 Python 函数的相关基础知识，包括函数的概念、函数的使用以及如何自定义函数。同时，读者还掌握了常用的内置模块及函数、数学函数、时间函数、随机数。

本章还详细讲解了 Python 编程中模块和包的相关知识，并通过对计算器程序的重新构建，演示了构建模块和包的过程。最后，通过模块和包以及函数，实现了本章的任务猜数字程序。

4.7　习题

1．定义函数 power2，接受一个位置参数 x。

函数功能：计算 x*x 的值（也就是 x 的平方），并返回该结果。

2．定义函数 powern，接受两个位置参数，分别是 x，n。

函数功能：计算 x^n 的结果，并返回该结果（示例：$x^3 = x * x * x$）。

3．定义函数 powern_new，第 1 个参数是位置参数 x；第 2 个参数是默认参数 n，默认值是 2。

函数功能：计算 x^n 的结果，并返回该结果（示例：　$x^3 = x * x * x$）。

4．定义函数 append_for_list，接受一个默认参数 arg_list，默认值为一个空的列表，即[ ]。

函数功能：向列表 arg_list 中追加一个元素：LAST，并打印 arg_list。

测试：多次调用 append_for_list，运行后查看结果。

5．定义函数 caculate，接受一个参数 arg_list（传入参数类型为列表类型，且列表的元素都是整数）。

函数功能：先检查传入的参数是否为列表，如果不是，打印"Wrong arguments"，并返回 1；依次检查各元素是否都是整数（可以是 2 或"2"），如果不是，打印错误类型的元素及元素所在的位置，并返回2。

测试：将传入的列表元素依次相加，并返回计算结果。

6. 定义函数 caculate2，接受一个可变参数（传入的每个参数都必须是整数）。

函数功能：依次检查各参数是否都是整数，如果不是，打印错误类型的元素及对应变量的名字，并返回 2。将传入的可变参数依次相加，并返回计算结果。

测试：调用函数，传入一个非列表；调用函数，传入一个列表，有元素为非整数；调用函数，传入一个整数列表。分别查看 3 种情况会得到什么结果。

任务 5 程序调试与测试——调试猜数字程序

任务目标

◆ 了解 Python 错误的类型，并能够正确区分。

◆ 掌握利用 Pdb、PyCharm 和日志功能进行调试的技巧。

◆ 掌握 unittest 单元测试框架的基本使用方法。

5.1 任务描述

通过前面章节内容的学习，读者掌握了 Python 的基本数据类型、程序控制流程语句以及函数、模块相关知识，已经具备编写实现简单程序的能力。程序是由人编写的，因此难免会因为程序编写错误而导致程序产生不正确的结果，甚至导致程序无法正常执行。计算机程序之母格蕾丝·赫柏（Grace Murray Hopper）1947 年首次将 bug 一词用于表示计算机系统或程序中隐藏着的一些未被发现的缺陷或问题。该词一直沿用至今，通常将程序错误称为 bug，寻找并解决错误的过程称为调试（debugging）。测试（testing）是在规定的条件下对程序进行操作，以发现程序错误，衡量软件质量，并对其是否能满足设计要求进行评估的过程。调试和测试是保证程序开发质量的重要手段。

本章首先将概述常见的错误类型：语法错误、运行时错误和逻辑错误；其次讨论如何使用 pdb 模块、PyCharm 程序以及 logging 模块来进行调试，以便尽可能快速地发现错误并解决问题；最后通过详细介绍 unittest 单元测试框架来说明 Python 对编写单元测试的支持。

通过本章的学习，读者可以了解常见的错误类型以及基本的处理方法，并使用常用的工具对猜数字程序进行调试和测试，主要涉及的功能如下。

1）使用 pdb 模块进行调试。

2）使用 PyCharm 程序进行调试。

3）使用 logging 模块进行调试。

4）使用 unittest 模块进行单元测试。

5.2 调试

调试的目的是发现和修正程序中的错误。程序调试活动可以分为两部分：一是根据错误的现象确定程序中错误的性质、原因和位置；二是修改程序，排除错误。因此正确地区分错误的类别有助于快速定位错误、修复错误。程序中可能会出现的错误分为 3 种：语法错误（syntax error）、运行时错误（runtime error）和语义错误（semantic error）。

1）语法错误：语法是程序的结构及其背后的规则。语法错误在 Python 解释器将源代码转换为字节代码时产生，说明程序的结构有一些错误。如果程序中存在语法错误，那么 Python 解释器会显示一条错误信息，然后停止运行程序。例如：省略了 def 语句后面的冒号会产生 Syntax Error: invalid syntax 错误信息。在编程生涯的初期，程序员可能会花大量时间追踪语法错误，随着经验的不断积累，在编程中的语法错误会越来越少，发现错误的速度也会更快。

2）运行时错误：之所以称之为运行时错误，是因为这类错误只有在程序运行后才会出现。这类错误也被称为异常（exception），大多数运行时错误会包含诸如错误在哪里产生和正在执行哪个函数等信息。例如：无限递归最终会导致 maximum recursion depth exceeded（超过递归最大深度）运行时错误。

3）语义错误：语义即与程序的逻辑有关，语义错误有时候也称之为逻辑错误。如果程序中存在语义错误，程序在运行时不会产生错误信息，但是也不会返回预期的结果。例如：一个表达式可能因为没有按照预期的顺序执行，因此产生了错误的结果。

本节将分别说明这 3 种错误的现象、产生原因及简单的排除方法。

5.2.1　语法错误

通常语法错误比较容易修正，往往不需要运行程序就可以发现，只要熟悉语法就可以快速解决问题。常见的语法错误消息是 Syntax Error: invalid syntax 和 Syntax Error: invalid token，它们都没有提供进一步的详细信息。

```
>>> name = 'python'
>>> if name = 'python':
    File "<stdin>", line 1
        if name = 'python':
                ^
SyntaxError: invalid syntax
```

从上面示例可以看出，错误消息会提示程序在哪里出现了错误（上述代码倒数第二行的箭头指向运算符=，说明这个地方有错误，正确的比较运算符应为==）。实际上，错误消息只是告诉 Python 是在哪里发现的问题，但这里并一定就是出错的地方。有时，错误出现在错误消息出现的位置之前，通常就在前一行。如果你是一点一点地增量式地编写代码，那么就很容易定位错误的位置。如果你是从书或者网络上复制的代码，那么请仔细地从头对照着检查代码。

下面是避免大部分常见语法错误的一些方法。

1）确保没有使用 Python 的关键字作为标识符。

2）检查每个复合语句首行的末尾是否都加了冒号，例如 for、while、if、def 语句。

3）检查代码中是否错误的使用了中文标点符号。

4）确保代码中的每个字符串没有混用单引号 ' 和双引号 "。

5）如果包含三重引号的多行字符串，确保正确地结束了字符串。没有结束的字符串会在程序的末尾产生 invalid token 错误或者会把剩下的程序看作字符串的一部分，直到遇到下一个字符串。注意：后一种情况下，可能根本不会提示错误。

6）没有正确闭合括号，如（、{ 以及 [，使得 Python 把下一行继续看作当前语句的一部分。通常下一行会马上提示错误消息。

7）检查条件语句里面的 == 是不是写成了=。

8）确保每行的缩进符合要求。Python 能够处理空格和制表符，但是如果混用则会出错。避免该问题的方法之一是使用一个了解 Python 语法、能够产生一致缩进的纯文本编辑器。

9）尽管 Python 3 默认支持 utf 8 编码，但是如果代码中包含特殊字符时，可能还是会出错，需要特别注意。

5.2.2　运行时错误

如果程序在运行时出现了问题，Python 会打印出一些信息，包括异常的名称、产生异常的行号和回溯（traceback）。回溯会指出正在运行的函数、调用它的上层函数以及上上层函数等。

下面是一些常见的运行时错误。

1．命名错误（NameError）

程序正在使用当前环境中不存在的变量名。检查名称是否拼写正确或者名称前后是否一致。还要记住局部变量不能在定义它们的函数的外部引用它们。

2．类型错误（TypeError）

1）值的使用方法不对。例如：使用除整数以外的数据类型作为字符串、列表或元组的索引下标。

2）格式化字符串中的项与传入用于转换的项不匹配。如果项的数量不同或是调用了无效的转换，都会出现这个错误。

3）传递给函数的参数数量不对。如果是方法，查看方法定义是不是以 self 作为第一个参数，然后检查方法调用，确保在正确类型的对象上调用方法，并且正确地提供了其他参数。

3．键错误（KeyError）

尝试使用字典没有的键来访问字典的元素。如果键是字符串，记住它是区分大小写的。

4．属性错误（AttributeError）

尝试访问一个不存在的属性或方法。检查它们的拼写是否错误，可以使用内建函数 dir 来列出存在的属性。如果属性错误表明对象是 NoneType，那意味着它就是 None，那么问题不在于属性名，而在于对象本身。对象是 None 的可能原因是忘记从函数返回一个值，如果程序执行到函数的末尾没有遇到 return 语句，它就会返回 None；另一个常见的原因是使用了列表方法的结果，如 sort，这种方法返回的也是 None。

5．索引错误（IndexError）

用来访问列表、字符串或元组的索引大于访问对象长度减 1 后的值。在错误之处的前面加上一个打印语句，打印出索引的值和数组的长度。检查数组的大小是否正确，索引值是否正确。

5.2.3　语义错误

从某种程度上来说，语义错误是最难调试的，因为解释器不能提供错误的信息，只有程序员自己知道程序本来应该是怎么样运行的。

因此，在遇到程序没有按照预期运行时，应当问自己下面这些问题。

● 是不是有希望程序完成的但是并没有出现的功能？找到执行这个功能的代码，确保它是按照自己认为的方式工作的。

● 是不是有些本不该执行的代码却运行了？找到程序中执行这个功能的代码，然后看看它是不是本不应该执行却执行了。

● 是不是有一些代码的效果和预期的不一样？确保自己理解了那部分的代码，特别是当它涉及调用其他模块的函数或者方法，应阅读调用函数的文档。

● 如果程序出现语义错误，问题经常不是在程序的编码阶段，而是在模型建立和算法设计阶段。解决语义错误的最好办法之一就是把程序切分成组件，也就是通常的函数和方法，然后单独测试每个组件。一旦找到了模型和现实的不符之处，就能解决问题了。

5.3 调试技巧

5.2 节简要介绍了 Python 程序常见的错误类型以及排除方法，但是手工调试往往效率较低，使用调试器（debugger）有助于快速、准确地定位错误。调试器功能比较强大，通常具有以下功能。

断点（break-point）：可以让程序在需要的地方中断，从而方便对其进行分析。断点是一个信号，它通知调试器，在某个特定点上暂时将程序执行挂起。当执行在某个断点处挂起时，表示程序处于中断模式。进入中断模式并不会终止或结束程序的执行，执行可以在任何时候继续。

继续（resume）：离开上一个断点，继续执行程序，跳向下一个断点。

越过（step over）：单步执行时，在函数内遇到子函数时不会进入子函数内单步执行，而是将子函数整个执行完再停止，也就是把整个子函数作为一步。

步进（step into）：单步执行，遇到子函数就进入并且继续单步执行。

步出（step out）：当单步执行到子函数内时，用 step out 就可以执行完子函数余下部分，并返回到上一层函数。

能够为 Python 提供调试功能的工具非常多，本节主要介绍如何利用 Python 标准库内置的 pdb 模块、IDE PyCharm 自带的调试功能以及 Python 标准库内置的 logging 模块对 Python 程序进行调试。

5.3.1 使用 pdb 进行调试

pdb（Python Debugger）模块是 Python 内置的调试模块，主要功能包括设置断点、单步调试、进入函数调试、查看当前代码、查看栈片段、动态改变变量的值等。pdb 模块能够为 Python 程序提供交互式的源代码调试环境，调试器的命令提示符为（Pdb），在该提示符下，可以输入调试命令对程序进行调试。

1．进入 pdb 调试模式的 3 种方法

pdb 可以在命令行中以脚本模式启动，也可以在交互式解释器中使用 pdb 模块的函数启

动调试器，还可以在程序中嵌入代码启动 pdb。

（1）以脚本模式启动 pdb

在命令行中，可以以脚本形式调用 pdb，pdb 将在文件的第 1 行代码之前暂停执行，以脚本形式调用的 pdb 执行单步调试，命令格式如下。

```
python -m pdb filename
```

python -m pdb 的意思是将 pdb 模块当作脚本运行，filename 为需要调试的.py 文件。

例 5-1　以脚本模式启动 pdb 调试 Prac 4-4: usingfloor.py。

需要调试的程序为第 4 章 Prac 4-4: usingfloor.py，代码如下。

Prac 5-1: usingfloor.py

```python
from math import floor
floor_values = [floor(2), floor(0), floor(2.7), floor(2.3), floor(-3.2), floor(-3.7)]
count = 1
for value in floor_values:
    print("The %sth value is %s" % (count, value))
    count += 1
print("floor(-5.7) + floor(5.3) = %s" % (floor(-5.7) + floor(5.3)))
```

在命令行中，切换至 usingfloor.py 所在的目录，执行 python -m pdb usingfloor.py 命令，启动 pdb 调试器，运行结果如下所示。

```
D:\python>python -m pdb usingfloor.py
> d:\python\usingfloor.py(1)<module>()
-> from math import floor
(Pdb)
```

启动调试器之后，首先会对第 1 行代码进行调试，其中(Pdb)是 pdb 命令提示符，在该提示符后可以输入 pdb 命令对程序进行调试。例如输入 list 命令显示测试代码，输入 next 命令可以调试下一行代码，输入 quit 命令可以退出 pdb 调试环境，返回命令行提示符，演示过程如下所示。

```
D:\python>python -m pdb usingfloor.py
> d:\python\usingfloor.py(1)<module>()
-> from math import floor
(Pdb) list
  1  -> from math import floor
  2
  3     floor_values = [floor(2), floor(0), floor(2.7), floor(2.3), floor(-3.2), floor(-3.7)]
  4     count = 1
  5     for value in floor_values:
  6         print("The %sth value is %s" % (count, value))
  7         count += 1
  8
  9     print("floor(-5.7) + floor(5.3) = %s" % (floor(-5.7) + floor(5.3)))
[EOF]
(Pdb) next
```

```
> d:\python\usingfloor.py(3)<module>()
-> floor_values = [floor(2), floor(0), floor(2.7), floor(2.3), floor(-3.2), floor(-3.7)]
(Pdb) quit
D:\python>
```

（2）在交互式解释器中启动 pdb

以脚本模式启动 pdb 在调试过程中比较烦琐。如需对文件进行修改、保存、执行等操作时，在实际调试过程中人们经常利用 Python 便捷的交互式解释器来启动 pdb 进行调试。在交互式解释器中启动 pdb 调试，首先使用 import pdb 语句导入 pdb 模块，然后利用 pdb 模块中的 run、runeval 和 runcall 等函数进行调试。

1）使用 pdb.run()函数调试语句块。

pdb 模块中的 run 函数可以用来调试语句块，调试器命令提示符在语句执行前出现，语法格式如下。

```
pdb.run(statement, globals=None, locals=None)
```

其参数含义如下。

● statement：必备参数，要调试的语句块，以字符串或者代码对象形式提供。
● globals：可选参数，设置 statement 运行的全局环境变量。
● locals：可选参数，设置 statement 运行的局部环境变量。

例 5-2　利用 pdb.run()函数调试语句块。

```
C:\Users\Administrator>python
Python 3.7.2 (tags/v3.7.2:9a3ffc0492, Dec 23 2018, 23:09:28) [MSC v.1916 64 bit (AMD64)] on win32
Type "help", "copyright", "credits" or "license" for more information.
>>> import pdb
>>> pdb.run('''
... for i in range(3):
...         pass
...         ''')
> <string>(2)<module>()
(Pdb) next #继续执行下一行
> <string>(3)<module>()
(Pdb) print(i) #打印变量 i 的值
0
(Pdb) next
> <string>(2)<module>()
(Pdb) next
> <string>(3)<module>()
(Pdb) print(i)
1
(Pdb) next
> <string>(2)<module>()
(Pdb) print(i)
1
(Pdb) next
```

```
> <string>(3)<module>()
(Pdb) print(i)
2
(Pdb) next
> <string>(2)<module>()
(Pdb) next
--Return-- #调试结束或者程序运行结束后，pdb 将重启该程序
> <string>(2)<module>()->None
(Pdb)
```

2）使用 pdb.runeval()调试表达式。

pdb 模块中的 runeval 函数可以用来调试表达式，该函数的返回值为被调试表达式的值，其使用方法类似于 pdb.run()函数，语法格式如下。

```
pdb.runeval(expression, globals=None, locals=None)
```

其参数含义如下。

- expression：必备参数，要调试的表达式，以字符串或者代码对象形式提供。
- globals：可选参数，设置 expression 运行的全局环境变量。
- locals：可选参数，设置 expression 运行的局部环境变量。

例 5-3 利用 pdb.runeval()函数调试表达式。

```
C:\Users\Administrator>python
Python 3.7.2 (tags/v3.7.2:9a3ffc0492, Dec 23 2018, 23:09:28) [MSC v.1916 64 bit (AMD64)] on win32
Type "help", "copyright", "credits" or "license" for more information.
>>> import pdb
>>> pdb.runeval("9 + 2*5/0")
> <string>(1)<module>()
  (Pdb) n
ZeroDivisionError: division by zero #提示表达式中的错误
> <string>(1)<module>()
```

例 5-4 利用 pdb.runeval()函数调试 usingfloor.py 中的表达式。

```
C:\Users\Administrator>python
Python 3.7.2 (tags/v3.7.2:9a3ffc0492, Dec 23 2018, 23:09:28) [MSC v.1916 64 bit (AMD64)] on win32
Type "help", "copyright", "credits" or "license" for more information.
>>> import pdb
>>> from math import floor
>>> pdb.runeval("floor(−5.7) + floor(5.3)")
> <string>(1)<module>()
(Pdb) next
--Return--
> <string>(1)<module>()->−1
(Pdb)
```

3）使用 pdb.runcall()调试函数。

pdb 模块中的 runcall 函数可以用来调试函数，当进入函数之后调试器命令提示符立即显示，语法格式如下。

> pdb.runcall(function, *args, **kwds)

其参数含义如下。

- function：必备参数，要调试的函数名。
- *args：必备参数，以元组形式传递可变长参数。
- **kwds：必备参数，以字典形式传递可变长参数。

例 5-5　利用 pdb.runcall()函数调试 Prac 4-7: define_function.py 中的 add 函数。

```
D:\python>python    # 切换至 define_function.py 所在目录，进入交互式解释器
Python 3.7.2 (tags/v3.7.2:9a3ffc0492, Dec 23 2018, 23:09:28) [MSC v.1916 64 bit (AMD64)] on win32
Type "help", "copyright", "credits" or "license" for more information.
>>> import pdb
>>> import define_function    # 导入 define_function.py
>>> pdb.runcall(define_function.add,2,3) # 使用 pdb.runcall()函数进行调试，传入函数名以及参数
> d:\python\define_function.py(16)add()
-> ret = a + b
(Pdb) n
> d:\python\define_function.py(17)add()
-> return ret
(Pdb) n
--Return--
> d:\python\define_function.py(17)add()->5
-> return ret
(Pdb) n
5
```

（3）在程序中嵌入代码启动 pdb

在 Python 中，也可以将 pdb 模块中的 set_trace 函数直接编写在源码中，设置硬断点。

当程序执行到 pdb.set_trace()时，就会进入到(Pdb)命令提示符状态，这时就可以执行 pdb 调试命令。直接在源码中执行 pdb 的好处是如果程序异常而无法继续执行下去，就可以用 pdb.pm()返回到异常执行的上一步，以便进行相关变量的查看。

例 5-6　在代码中嵌入 pdb.set_trace()调试 Prac 4-9: math_function.py。

首先，编辑 math_function.py，添加 import pdb; pdb.set_trace()语句。

```
#!/usr/bin/env python
"""
Copyright 2018 by Cynthia Wong
Math relative function implementation
"""
print("Math relative function implementation!")
def add(a, b):
    """
```

```
        Calculate the sum of a + b
        :param a: left operator
        :param b: right operator
        :return: result value of a + b
        """
        ret = a + b
        return ret
    def main():
        """
        main function implementation
        :return:
        """
        # test add function
        print("10 + 5 = %s" % (10 + 5))
        import pdb
        pdb.set_trace()   # 在 4-9 math_function.py 中添加 pdb.set_trace()设置硬断点
        print("23 + 27 = %s" % (23 + 27))
        print("5.3 + 2.4 = %s" % (5.3 + 2.4))
    if __name__ == '__main__':
        # main program entry
        main()
```

运行结果如下。

```
D:\python>python math_function.py      # 切换至 math_function.py 所在目录，直接运行程序
Math relative function implementation!
10 + 5 = 15
> d:\python\math_function.py(32)main()
-> print("23 + 27 = %s" % (23 + 27))          #程序运行至 pdb.set_trace()时挂起
(Pdb) list    #使用 pdb 命令
 27
 28              # test add function
 29              print("10 + 5 = %s" % (10 + 5))
 30              import pdb
 31              pdb.set_trace()
 32   ->         print("23 + 27 = %s" % (23 + 27))
 33              print("5.3 + 2.4 = %s" % (5.3 + 2.4))
 34
 35
 36          if __name__ == '__main__':
 37              # main program entry
(Pdb)
```

2. 常用 pdb 调试命令

常用 pdb 调试命令及其功能见表 5-1。

表 5-1 常用 pdb 调试命令及其功能

命令	简写命令	作用
break	b	设置断点
continue	c	继续执行程序
list	l	查看当前行的代码段
step	s	进入函数
Return	r	执行代码直到从当前函数返回
quit	q	中止并退出
next	n	执行下一行
print	p	打印变量的值
help	h	帮助
args	a	查看传入参数
	回车	重复上一条命令
break lineno	b lineno	在指定行设置断点
break file:lineno	b file:lineno	在指定文件的行设置断点
clear num		删除指定断点
bt		查看函数调用栈帧

利用 pdb 调试有个明显的缺陷就是对多线程、远程调试等支持得不够好，同时没有较为直观的界面显示，而集成开发环境一般自带调试器，其功能往往比较强大，在大中型项目中建议使用集成开发环境进行调试。

5.3.2　使用 PyCharm 进行调试

PyCharm 提供了较为完善的调试功能，支持多线程、远程调试等，支持断点设置、单步模式、表达式求值、变量查看等一系列功能。IDE PyCharm 的调试窗口布局，如图 5-1 所示。

图 5-1　PyCharm 调试窗口布局

下面分别介绍常用调试功能。

1. 设置/取消断点

一个断点标记一代码行，当 PyCharm 运行到该行代码时会将程序暂时挂起。设置断点时，只需要在设置断点的代码行前面，行号后面的空白处单击鼠标左键即可。断点设置成功后，对应行号后出现玫红色的圆形图标，且该行背景突出显示，如图 5-2 所示。如需取消断点，用鼠标左键单击对应断点所在行的玫红色圆形图标即可。

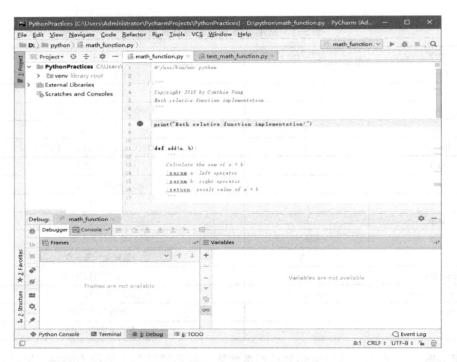

图 5-2　在 PyCharm 中设置断点

2. 开始调试

图 5-3 所示为如何开始程序的调试。

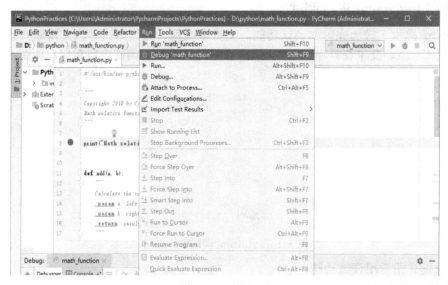

图 5-3　开始调试

　　需要调试时，选择"run/debug configuration "unnamed""命令，然后按下〈Shift+F9〉组合键（或者单击工具栏中的绿色蜘蛛形式的按钮）开始调试，并在第 1 个断点处停止，断点所在的行变为蓝色，如图 5-4 所示。

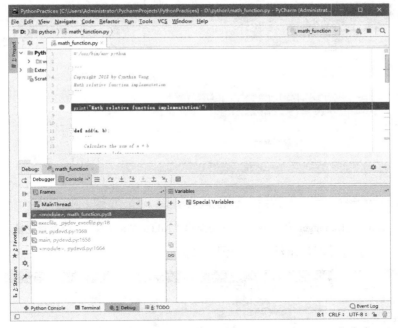

图 5-4　调试时选择选择"run/debug configuration "unnamed""命令

3. 添加变量查看器

Debugger 窗口的查看窗格中有许多信息，包括当前执行的行数、模块名称、变量等，这就是使用调试器的好处，可以随时查看相关信息。不建议在程序代码中使用 print() 查看相关变量。如果在调试过程中想查看变量的状态需要先设置一个查看器，如图 5-5 所示。在 Watches 窗口中，单击绿色的加号，输入想查看的变量名称。例如输入 testadd，然后按〈Enter〉键。当然也可以采用另外一种方式：在编辑窗口中右击变量名，在快捷菜单中选择"Add to watches"命令，如图 5-6 所示。

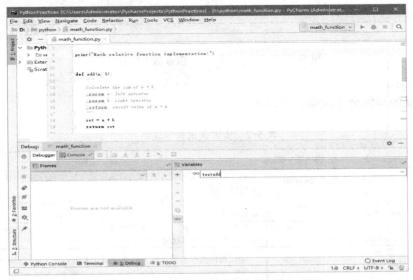

图 5-5　Debugger 窗口 – 在查看器输入变量

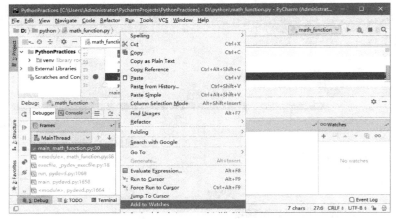

图 5-6　Debugger 窗口 – 使用右键菜单"Add to Watches"命令查看变量

运行调试，变量查看器显示结果，如图 5-7 所示。

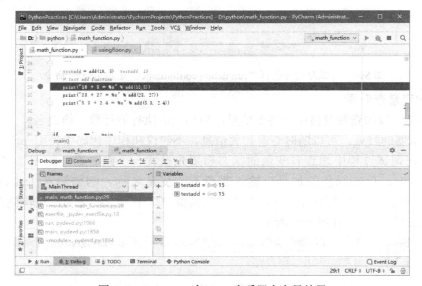

图 5-7　Debugger 窗口 – 查看器中变量结果

4．步进调试

步进调试的详细命令说明，见表 5-2。

表 5-2　步进调试命令说明

图　标	命　令	快　捷　键	功　能
☰	显示执行点	Alt+F10	在编辑器中突出显示程序当前执行点（即将执行的下一行代码，该行用蓝色背景标识）
⌒	步进 Step Over	F8	执行下一行代码。跳转至程序当前执行点，如果当前执行点包含对其他函数的调用，调试器将该函数作为整体一步执行
↓	步入 Step Into	F7	执行下一行代码。跳转至程序当前执行点，如果当前执行点包含对其他函数的调用，调试器进入该函数内部逐行执行
↑	步出 Step Out	Shift+F8	调试器将执行当前函数的剩余代码并退出函数，返回到函数调用者
⬎ᵢ	运行到光标处 Run to Cursor	Alt+F9	恢复程序执行，直到执行点到达编辑器中当前光标位置的行为止

5.3.3 使用日志功能进行调试

在国内知名的 Python 社区——啄木鸟社区首页中有一条忠告："以打印日志为荣，以单步跟踪为耻"。logging 模块是 Python 内置的日志功能模块，它能够为程序提供灵活的手段来记录事件、错误、警告和调试信息，可以对这些信息进行收集、筛选、写入文件，发送给系统日志等操作，甚至还可以通过网络发送给远程计算机。使用日志功能进行调试具有以下优点。

- 可以控制消息的级别，过滤掉一些不重要的消息。
- 可以决定输出到什么地方，以及怎么输出。有许多的日志记录级别可供选择，还可以选择只输出错误消息到特定的日志文件中，或者在调试时只记录调试信息。

1．日志记录级别

logging 模块的重点在于生成和处理日志消息。每条消息由一些文本和指示其严重性的相关级别组成。级别对应一个非负整数值，这些不同的级别是整个 logging 模块中各函数和方法的基础。系统默认提供了 6 个级别，开发人员可以自定义其他日志级别，但是不推荐这样做，尤其是在开发供他人使用的库时，因为这样会导致日志级别的混乱。默认的 6 个级别见表 5-3。

表 5-3 日志默认重要性级别

级　　别	数　　值	描　　　　述
CRITICAL	50	严重错误。当发生严重错误导致应用程序不能继续运行时记录的信息
ERROR	40	错误。由于一个严重的问题导致某些功能不能正常运行时记录的信息
WARNING	30	警告。当某些不期望的事情发生时记录的信息（如，磁盘可用空间较低），但是此时应用程序还是正常运行的
INFO	20	通知。信息详细程度仅次于 DEBUG，通常只记录关键节点信息，用于确认是否按照预期的那样进行工作
DEBUG	10	调试。详细的日志信息，典型应用场景是问题诊断
NOTSET	0	无级别

上面表格中的日志等级是从下到上依次升高的，即 NOTSET< DEBUG < INFO < WARNING < ERROR < CRITICAL，而日志的信息量是依次增多的。logging 模块也可以指定日志记录器的日志级别，只有级别大于或等于该指定日志级别的日志记录才会被输出，小于该等级的日志记录将会被丢弃。

2．logging 模块的使用方式

logging 模块提供了两种记录日志的方式。

1）使用 logging 提供的模块级别的函数。

2）使用 logging 日志系统的四大组件。

logging 定义的模块级别的常用函数见表 5-4。

表 5-4 logging 模块级别常用函数

函　　数	说　　明
logging.debug(msg, *args, **kwargs)	创建一条严重级别为 DEBUG 的日志记录
logging.info(msg, *args, **kwargs)	创建一条严重级别为 INFO 的日志记录

函　　数	说　　明
logging.warning(msg, *args, **kwargs)	创建一条严重级别为 WARNING 的日志记录
logging.error(msg, *args, **kwargs)	创建一条严重级别为 ERROR 的日志记录
logging.critical(msg, *args, **kwargs)	创建一条严重级别为 CRITICAL 的日志记录
logging.log(level,msg, *args, **kwargs)	创建一条严重级别为指定 level 的日志记录，level 要求为整数
logging.basicConfig(**kwargs)	对 root logger 进行一次性配置

logging 模块的四大组件见表 5-5。

表 5-5　logging 模块的四大组件

组　　件	说　　明
loggers	提供应用程序代码直接使用的接口
handlers	用于将日志记录发送到指定的目的位置
filters	提供更细粒度的日志过滤功能，用于决定哪些日志记录将会被输出（其他的日志记录将会被忽略）
formatters	用于控制日志信息的最终输出格式

logging 模块所提供的模块级别的日志记录函数也是对 logging 日志系统相关类的封装，只是在创建这些类的实例时设置了一些默认值。使用 logging 提供的模块级别的函数输出日志简单、便捷，因此，本节按照这种方式介绍日志功能的基本用法。

3. 通过 logging 模块的模块级别函数输出日志

通过 logging 模块的模块级别函数输出日志的方法可以分为两个步骤。

1）使用 logging.basicConfig(**kwargs)函数对日志记录进行基本配置。

2）使用表 5-3 中的其他日志记录，在控制台输出日志。

（1）logging.basicConfig()函数

logging.basicConfig(**kwargs)函数用于指定"要记录的日志级别""日志格式""日志输出位置""日志文件的打开模式"等信息。

kwargs 支持如下几个关键字参数。

1）filename：指定日志文件名。

2）filemode：和 file 函数意义相同，指定日志文件的打开模式，w 或 a。

3）format：指定输出的格式和内容，format 可以输出很多有用信息，如下所示。

- f%(levelno)s：打印日志级别的数值。
- %(levelname)s：打印日志级别名称。
- %(pathname)s：打印当前执行程序的路径，其实就是 sys.argv[0]。
- %(filename)s：打印当前执行程序名。
- %(funcName)s：打印日志的当前函数。
- %(lineno)d：打印日志的当前行号。
- %(asctime)s：打印日志的时间。
- %(thread)d：打印线程 ID。
- %(threadName)s：打印线程名称。

- %(process)d：打印进程 ID。
- %(message)s：打印日志信息。

4）datefmt：指定时间格式，同 time.strftime()。

5）level：设置日志级别，默认为 logging.WARNING。

6）stream：指定将日志的输出流输出到 sys.stderr 或者 sys.stdout 文件，默认输出到 sys.stderr，当 stream 和 filename 同时指定时，stream 被忽略。

（2）使用日志记录，在控制台输出日志

如果要使用 logging 模块的日志功能，首先应当导入 logging 模块，然后使用 logging.basicConfig()对输出日志的功能进行配置，最后使用日志记录函数输出日志。

下面以 Prac 4-9：math_function.py 为例演示如何利用日志功能将调试信息输出到控制台。

例 5-7 使用 logging 模块在控制台输出调试信息。

修改后的 Prac 4-9：math_function.py 代码如下。

```python
#!/usr/bin/env python
"""
Copyright 2018 by Cynthia Wong
Math relative function implementation
"""
import logging   #导入 logging 模块
的
logging.basicConfig(level=logging.INFO) #配置 logging.basicConfig 函数，设置记录日志的级别为
INFO，日志级别低于 INFO 的日志信息将不会记录，日志输出的位置是默认的控制台
print("Math relative function implementation!")
def add(a, b):
    """
    Calculate the sum of a + b
    :param a: left operator
    :param b: right operator
    :return: result value of a + b
    """
    ret = a + b
    return ret
def main():
    """
    main function implementation
    :return:
    """
    testadd = add(10, 5)
    logging.info(testadd)   #利用 logging.info 函数输出级别为 INFO 的日志信息
    # test add function
    print("10 + 5 = %s" % add(10,5))
    print("23 + 27 = %s" % add(23, 27))
    print("5.3 + 2.4 = %s" % add(5.3, 2.4))
if __name__ == '__main__':
```

```
# main program entry
main()
```

控制台显示的调试结果，如图 5-8 所示。

图 5-8　示例程序调试结果

INFO:root:15 即输出的调试日志信息。

例 5-8　使用 logging 模块将调试信息输出到文件。

math_function.py 代码与例 5-6 相比主要不同点在于：

```
logging.basicConfig(level=logging.INFO, format='%(asctime)s %(filename)s[line:%(lineno)d] %(levelname)s
%(message)s', datefmt='%a, %d %b %Y %H:%M:%S', filename='parser_result.log', filemode='w')
```

其中 format 参数设置了日志的格式，datefmt 参数设置了日期格式，filename 参数设置了日志文件的位置，filemode 设置了日志文件的读写模式。

修改后的 math_function.py 代码如下所示。

```
#!/usr/bin/env python
"""
Copyright 2018 by Cynthia Wong
Math relative function implementation
"""
import logging
logging.basicConfig(level=logging.INFO, format='%(asctime)s %(filename)s[line:%(lineno)d] %
(levelname)s %(message)s',
                    datefmt='%a, %d %b %Y %H:%M:%S', filename='parser_result.log', filemode='w')
```

```
print("Math relative function implementation!")
def add(a, b):
    """
    Calculate the sum of a + b
    :param a: left operator
    :param b: right operator
    :return: result value of a + b
    """
    ret = a + b
    return ret
def main():
    """
    main function implementation
    :return:
    """
    testadd = add(10, 5)
    logging.info(testadd)
    # test add function
    print("10 + 5 = %s" % add(10,5))
    print("23 + 27 = %s" % add(23, 27))
    print("5.3 + 2.4 = %s" % add(5.3, 2.4))
if __name__ == '__main__':
    # main program entry
    main()
```

运行程序后，控制台不再输出日志信息，日志信息输出在 math_function.py 同目录下的 parser_result.log 文件中，如图 5-9 所示。

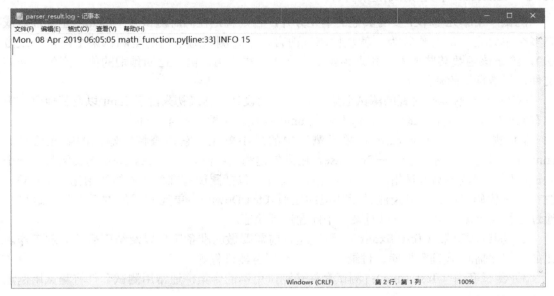

图 5-9　logging 模块将调试信息输出到文件的运行结果

5.4 unittest 单元测试框架

测试是开发高质量程序的核心。测试一般分为两个阶段：第 1 个阶段称为单元测试，在这个阶段，测试者构建并执行测试，用来确定代码的每个独立单元（例如函数）是否正常工作；第 2 个阶段称为集成测试，用来确定整个程序能否按预期运行。在实际工作中，测试者会不断重复这两个阶段，因为如果集成测试没有通过，那就还需要对单个模块做出修改。

Python 有两种内置测试框架，一种是 doctest，它可以检查文档字符串中包含 >>> 提示符的示例。另一种测试框架是 unittest，unittest 模块定义了 TestCase 类。unittest 框架主要用于单元测试，也可以应用于集成测试。本节主要介绍如何使用 unittest 框架进行单元测试。

5.4.1 单元测试简介

单元测试（又称为模块测试，Unit Testing）是针对程序模块（软件设计的最小单位）来进行正确性检验的测试工作。程序单元是应用的最小可测试部件。在过程化编程中，一个单元就是单个程序、函数、过程等。对于面向对象编程，最小单元就是方法，包括基类（超类）、抽象类或者派生类（子类）中的方法。

单元测试有以下好处。

● 确保代码质量，保证程序的健壮性。

● 改善代码设计，难以测试的代码一般是设计不够简洁的代码。

● 保证重构不会引入新问题，以函数为单位进行重构时，只需要重新测试就基本可以保证重构不会引入新问题。

5.4.2 unittest 单元测试框架介绍

测试一个单元基本上要与其他的单元分开，否则就是在同时测试多个单元的正确性，或是多个单元之间的合作行为。就软件测试而言，单元测试通常指的是测试某个函数（或方法），给予该函数某些输入，预期该函数会产生某种输出，例如返回预期的值、产生预期的文件、新增预期的数据等。

unittest 是 Python 内置的测试框架，unittest 的设计灵感最初来源于 Junit 以及其他语言中具有共同特征的单元测试框架。Python 的 unittest 模块主要包括 4 部分。

1）测试用例（Test case）：单元测试中的最小单元。它检查特定输入的响应信息。unittest 提供了一个基础类——TestCase，用来创建测试用例。一个 TestCase 的实例就是一个测试用例。测试用例就是指一个完整的测试流程，包括测试前准备环境的初始化（setUp）、执行测试代码（run），以及测试后环境的还原（tearDown）。单元测试的本质也就在这里，通过运行这个测试单元，可以对某一个问题进行验证。

2）测试脚手架（Test fixture）：测试运行前需要做的准备工作以及结束后的清理工作。比如，创建临时/代理数据库、目录或启动一个服务器进程等。

3）测试套件（Test suite）：测试套件是测试用例的合集，通常用测试套件将测试用例汇总然后一起执行。

4）测试执行器（Test runner）：用于执行测试用例并提供结果给用户。它可以提供图形界面、文本界面或者返回一个值表示测试结果。

5.4.3 使用详解

使用 unittest 进行单元测试可以分为两个步骤：编写单元测试和运行单元测试。本节以第 4 章 4-9 math_function.py 为例，针对 add()函数进行测试。

1．编写单元测试

在 math_function.py 同一目录下新建一个文件 test_math_function.py，具体代码如下。

```
import unittest    #导入 unittest 模块
from math_function import add        #从 math_function.py 模块中导入 add 函数
class TestAdd(unittest.TestCase):        #创建一个继承 unittest.TestCase 的类作为测试类
    def test_add(self):  #在测试类中定义方法即测试用例，方法要求以 test 开头
        self.assertEqual(add(3, 2), 5)  #编写断言测试 add 函数
```

2．运行单元测试

运行单元测试的方法有很多种，常用的方法主要有两种。

（1）直接在程序中启动

最简单的运行方式是在测试文件的最后加上两行代码。

```
if __name__ == '__main__':
    unittest.main()
```

这样就可以把测试用例文件当作正常的 Python 脚本运行。

```
$ python test_math_function.py
```

程序运行后，unittest.main()方法会搜索 test_math_function.py 模块下所有以 test 开头的测试用例方法，并自动执行它们。

```
D:\python>python test_math_function.py
Math relative function implementation!
.
----------------------------------------------------------------
Ran 1 test in 0.000s
OK
```

（2）在命令行中运行

另一种更常见的方法是在命令行通过参数-m unittest 直接运行单元测试，这是推荐的做法。因为这样可以一次批量运行很多单元测试，并且有很多工具可以自动来运行这些单元测试，命令格式如下。

```
python -m unittest test_module
python -m unittest test_module.TestClass
python -m unittest test_module.TestClass.test_method
```

本例的运行结果如下所示。

```
D:\python>python -m unittest test_math_function
Math relative function implementation!
.
```

```
----------------------------------------------------------------------
Ran 1 test in 0.000s
OK
```

3. 测试结果分析

本例中的测试运行之后，输出信息包含以下内容。

```
.
----------------------------------------------------------------------
Ran 1 test in 0.000s
OK
```

输出信息显示一个 . 表示所有测试都通过，在一行 - 之后显示的是测试运行的摘要和时间。如果存在失败或异常，那么将通过计数来反映。最后，摘要 OK 显示所有测试都通过。

如果按照如下代码修改测试文件，让测试运行失败。

```
import unittest
from math_function import add
class TestAdd(unittest.TestCase):
    def test_add(self):
        self.assertEqual(add(3, 2), 6)
```

那么就可以看到以下输出结果。

```
F
======================================================================
FAIL: test_add (test_math_function.TestAdd)
----------------------------------------------------------------------
Traceback (most recent call last):
  File "D:\python\test_math_function.py", line 8, in test_add
    self.assertEqual(add(3, 2), 6)
AssertionError: 5 != 6
----------------------------------------------------------------------
Ran 1 test in 0.001s
FAILED (failures=1)
```

F 表示没有通过测试，一行 = 之后是失败断言的回溯信息。最终的摘要为 FAILED，测试失败的原因：(failures=1)。

4. 补充知识

TestCase 类定义了很多断言，在本节的案例只使用了 assertEqual()，其他常用的断言如下。

- assertEqual() 和 assertNotEqual() 使用默认的 == 运算符来比较实际值和预期值。
- assertTrue() 和 assertFalse() 需要一个单一的布尔表达式。
- assertIs() 和 assertIsNot() 使用 is 比较来确定两个参数是否对同一对象引用。
- assertIsNone() 和 assertIsNotNone() 使用 is 比较给定值是否为 None。
- assertIsInstance() 和 assertNotIsInstance() 使用 IsInstance() 函数来确定给定值是否为给定类（或类的元组）的成员。

- assertAlmostEquals()和 assertNotAlmostEquals()将给定值的小数位舍入为 7 位，以此来确定大部分数字（digit）是否相同。
- assertRegex()和 assertNotRegex()使用正则表达式比较给定的字符串。这种断言使用正则表达式的 search()方法来匹配字符串。
- assertCountEqual()比较两个序列来查看它们是否具有相同的元素，而不用考虑元素的顺序。该断言也可以方便地比较字典键和集合。

断言还有很多其他方法，其中一些提供了检测异常、警告和日志消息的方法，另外一些提供了更多特定类型的比较功能。

5.5 小结

本章以对第 4 章的猜数字程序中的案例进行调试和测试为任务目标，简要介绍了 Python 常用的调试工具和测试框架。首先对 Python 常见的错误进行了分类，并给出了初步的解决方法。接着通过示例，分别演示了使用 Python 内置调试器 pdb、常用 IDE PyCharm 和 Python 内置日志模块 logging 进行调试的方法。最后重点介绍了 Python 内置的单元测试框架 unittest。

5.6 习题

1．列举出 Python 的常见错误的类型，并简要说明各类错误的特点。
2．使用 pdb 模块对 Python 程序调试主要有哪几种用法？
3．pdb 模块常用的调试命令有哪些，分别具有什么功能？
4．logging 模块的日志级别有哪些？
5．简述使用 unittest 测试框架进行单元测试的流程。

任务 6   面向对象编程——学生信息管理程序

任务目标

◆ 掌握 Python 面向对象的规则以及类和对象的定义。

◆ 掌握 Python 中类的 3 种方法。

◆ 掌握构造函数与析构函数的使用方法，进行对象的初始化。

◆ 掌握类继承的使用方法。

◆ 编程实现学生信息管理程序，通过面向对象的方法设计学生类 Student，包含学生姓名（Name）、性别（Gender）、年龄（Age），然后设计学生记录管理类 StudentList 来管理一组学生记录。

6.1   任务描述

通过前面内容的学习，读者已经了解如何在 Python 编程语言中进行程序调试与测试，掌握了调试和测试的方法，通过调试猜数字程序详细介绍了调试的过程。本章将学习面向对象编程，实现学生信息管理程序。

学生信息管理程序会通过面向对象的方法设计学生类 Student，包含学生姓名（Name）、性别（Gender）、年龄（Age），然后设计学生记录管理类 StudentList 来管理一组学生记录，任务描述如下。

1）设计学生类 Student 和学生记录管理类 StudentList。

2）增加学生记录的函数 insert 与__insert。

3）更新学生记录的函数 update 与__update。

4）删除学生记录的函数是 delete 与__delete。

5）启动无限循环，在命令提示符号>后面输入 show、insert、update、delete、exit 命令，实现学生信息管理的功能。

6.2   面向对象编程概述

面向对象编程是最有效的软件编写方法之一，是软件工程领域中的重要技术，这种软件开发思想比较自然地模拟了人类对客观世界的认识，成为当前计算机软件工程学的主流方法。Python 作为一门面向对象编程语言，掌握面向对象编程思想至关重要，因此，通过本章的学习，读者能够建立面向对象的编程思想，学会使用这种思想开发程序。

面向对象编程（Object Oriented Programming，OOP），是一种程序设计思想。OOP 把对象作为程序的基本单元，对象包含了数据和操作的函数。面向过程的程序设计把计算机程序视为一系列的命令集合，即一组函数的顺序执行。为了简化程序设计，面向过程把函数切分为子函数，即把大块函数通过切割成小块函数来降低系统的复杂度。而面向对象的程序设计把计算机程序视为一组对象的集合，每个对象都可以接收其他对象发送过来的消息，并处理这些消息，计算机程序的执行就是一系列消息在各对象之间的传递。在 Python 中，所有数据类型都可以视为对象，当然也可以自定义对象。自定义的对象数据类型就是面向对象中的类（Class）的概念。

6.3 类和对象

6.3.1 类与对象简介

在进行 Python 面向对象编程之前，首先了解几个术语：类、类对象、实例对象。类是对现实世界中一些事物的封装，定义一个类可以采用下面的方式来定义。

```
Class classname:
    block
```

注意类名后面有个冒号，block 要向右边缩进，在 block 块里面就可以定义属性和方法了。首先定义一个 Student 类。

```
class Student:
    #定义了一个属性
    Name = 'Doris'
    #定义了一个方法
    def printName(self):
        print self.name
```

Student 类定义完成之后就产生了一个全局的类对象，通过类对象来访问类中的属性和方法。类定义好后还可以进行实例化操作，可以通过 p=Student()产生一个 Student 的实例对象，实例对象是根据类的模板生成的一个内存实体，有确定的数据和内存地址。

6.3.2 类属性

首先定义一个类，同时定义其属性，比如定义 Student 类。

```
class Student:
    name = 'Doris'
    age = 12
```

定义了一个 Student 类，里面定义了 name 和 age 属性，默认值分别是 Doris 和 12，其中 name 和 age 是类的属性，这种属性定义在类中，因此也称为类属性，可以通过下面的两种方法来读取访问。

1）使用类的名称，如 Student.name、Student.age。

2）使用类的实例对象，如 p=Student()是对象，那么使用 p.name，p.age 访问。

如果使用类的属性来访问，先创建一个新的 Student1.py 文档，具体实现代码如下。

```
class Student:
    name = 'Doris'
```

```
        age = 12
    p=Student()
    print(Student.name,Student.age)
    print(p.name,p.age)
```

执行后，运行结果如下。

```
Doris 12
Doris 12
```

类属性与类绑定，它是被这个类所拥有的，如果要修改类的属性就必须使用类的名称访问它，而不能使用对象实例访问它。使用类属性访问与实例属性建立，创建一个新的 Student2.py 文档，具体实现代码如下。

```
class Student:
    name = 'Doris'
    age = 12
p=Student()
q=Student()
print(Student.name,Student.age)
print(p.name,p.age)
print(q.name,q.age)
Student.name = 'Betty'
p.age = 15
print(Student.name,Student.age)
print(p.name,p.age)
print(q.name,q.age)
```

执行后，运行结果如下。

```
Doris 12
Doris 12
Doris 12
Betty 12
Betty 15
Betty 12
```

在程序中通过类的名称访问方法修改了 name 属性 Student.name = 'Betty'，可以看到后面的 p、q 对象实例访问到的 p.name、q.name 都是'Betty'。但是通过类对象 p 修改 age 的属性 p.age=15。那么 Student.age，q.age 仍然是 12，还是原来的类属性 age 的值，只有 p.age 变成 15。原来在执行 p.age=15 时访问的不是类属性 age，而是为 p 对象建立了一个 age 属性，即 p.age 是一个只与 p 对象绑定的属性，而不是类对象 Student.age。q 没有这样新的 age 属性，q.age 还是类 Student 的 age 属性。

Python 的这个功能特性与 JavaScript 的特性很像，实例有结合任何属性的功能，只要执行如下为这个对象实例赋值的代码。

```
对象实例.属性= ...
```

如果该对象实例存在这个属性，这个属性的值就被改变，如果不存在该属性就会自动为该对象实例创建一个这样的属性。

6.3.3　访问的权限

前面 Student 中的 name 和 age 都是共有属性，可以直接在类外部通过对象名访问，如果想定义成私有的，则需要在前面添加两个下画线_。创建一个文档 Student3.py，具体代码如下。

```
class Student:
    __name = 'Doris'
    __age = 12
    def show():
        print(Student.__name,Student.__age)
#print(Student.__name,Student.__age)
Student.show()
```

执行后，运行结果如下。

Doris 12

在上面的语句中 print(Student.__name,Student.__age)实际上是错误的，提示找不到该属性，因为私有属性不能够在类外部通过对象名来进行访问的。在 Python 中没有像 C++中 public 和 private 这类关键字来区别公有属性和私有属性，它是以属性命名方式来区分的，如果在属性名前面加两个下画线_，则表明该属性是私有属性，否则为公有属性（方法名类似，方法名前面加两个下画线表示该方法为私有的，否则为公有的）。

6.3.4　案例：Student 类属性

编写学生个人信息类，并建立对象访问属性。学生个人信息类 Student 定义如下。

```
class Student:
    name = '×××'
    gender='×'
    age =0
```

其中，name、gender、age 都是类属性，类属性一般使用类名称 Student 来访问。创建一个文档 Student4.py，具体实现代码如下。

```
class Student:
    name = '×××'
    gender='×'
    age =0
p=Student()
print(p.name,p.gender,p.age)
print(Student.name,Student.gender,Student.age)
p.name='李丽'
p.gender='女'
p.age = 20
Student.name='张磊'
```

```
Student.gender='男'
Student.age=19
print(p.name,p.gender,p.age)
print(Student.name,Student.gender,Student.age)
```

执行后，运行结果如下。

```
××× × 0
××× × 0
李丽 女 20
张磊 男 19
```

由此可见，通过对象 p 与 Student 类名称都可以读取到类属性 name、gender、age，但是改写这些类属性是下面的语句。

```
p.name='李丽'
p.gender='女'
p.age = 20
```

结果是为对象 p 生成了自己的 name、gender、age 属性，改写的不是类属性 name、gender、age，只有通过 Student 的下列语句，改写的才是 name、gender、age 类属性。

```
Student.name='张磊'
Student.gender='男'
Student.age=19
```

6.4 类的方法

类中除了属性外还有函数或方法，Python 的方法有实例方法、类方法、静态方法之分。

6.4.1 实例方法

实例方法就是通过实例对象调用的方法，在类中可以根据需要定义一些方法，定义方法采用 def 关键字。在类中定义的方法至少会有一个参数，一般以名为 self 的变量作为该参数（用其他名称也可以），而且需要作为第 1 个参数。创建文档 Student5.py，具体实现代码如下。

```python
class Student:
    name = 'Doris'
    age = 12
    def getName(self):
        return self.name
    def getAge(self):
        return self.age
p = Student()
print(p.getName(),p.getAge())
```

执行后，运行结果如下。

Doris 12

如果对 self 不好理解的话，可以把它当作 C++中类里面的 this 指针一样理解，就是对象自身的意思。在用某个对象调用该方法时，就将该对象作为第 1 个参数传递给 self。因此，p.getName()是把 p 传递给 self，执行 return p.name 得到 name；p.getAge()是把 p 传递给 self，执行 return p.age 得到 age。

6.4.2 类方法

在类中可以定义类的属性，也可以定义类的方法，这种方法要使用@classmethod 来修饰，而且第 1 个参数一般命名为 cls（也可以是其他的名称）。创建文档 Student6.py，具体实现代码如下。

```
class Student:
    name = 'Doris'
    age = 12
    @classmethod
    def show(cls):
        print(cls.name, cls.age)
Student.show()
```

执行后，运行结果如下。

Doris 12

其中 show 就是一个类方法，类方法一般使用类的名称来调用，例如：Student.show()。在调用时会把 Student 传递给 cls 参数，于是 print(cls.name,cls.age)语句就相当于执行 print(Student.name,Student.age)语句。

6.4.3 静态方法

静态函数通过@staticmethod 修饰，要访问类的静态方法（函数），可以采用类名称调用。在调用这类函数时，不会向函数传递任何参数。创建文档 Student7.py，具体实现代码如下。

```
class Student:
    name = 'Doris'
    age = 12
    @staticmethod
    def display():
        print(Student.name,Student.age)
    @classmethod
    def show(cls):
        print(cls.name,cls.age)
Student.show()
Student.display()
```

执行后，运行结果如下。

Doris 12
Doris 12

其中，display 就是静态方法，show 是类方法，它们都是用 Student 类名称调用的，只是 Student.show()会把 Student 传递给 def show(cls)的参数 cls，但是 Student.display()不传递任何参数。

@classmethod 修饰的函数与@staticmethod 修饰的函数最大的区别是@classmethod 的函数被类名称或者类实例调用时会传递一个类的名称给它的第 1 个参数，但是@staticmethod 的函数被类名称或者类实例调用时就不会传递任何参数给这个函数。

6.4.4 案例：Student 类方法

编写学生个人信息类实例方法、类方法以及静态方法，通过程序分析其方法的调用。创建一个文档 Student8.py，具体实现代码如下。

```
class Student:
    name ='×××'
    gender='×'
    age =0
    def instanceShow(self):
        print(self.name,self.gender,self.age)
    @classmethod
    def classShow(cls):
        print(cls.name,cls.gender,cls.age)
    @staticmethod
    def staticShow():
        print(Student.name,Student.gender,Student.age)
        p=Student()
p.instanceShow()
Student.classShow()
Student.staticShow()
```

执行后，运行结果如下。

```
××× × 0
××× × 0
××× × 0
```

从上面的结果可以看出实例方法 instanceShow 一般使用对象实例调用，调用时要向实例方法传递实例参数，例如：p.instanceShow()；使用类方法 classShow()一般采用类的名称调用，调用时需要向类方法传递类参数，例如：Student.classShow()；使用静态方法调用，一般采用类的名称调用，调用时不需要向静态方法传递任何参数，例如：Student.staticShow()。另外，也可以使用对象实例调用，因为是调用静态方法，因此没有参数传递给函数，例如：p.staticShow()。

6.5 对象初始化

在面向对象的程序设计中，对象实例化一般要对实例做一些初始化的工作，例如设置实例属性的初始值等，而这些工作是自动完成的，因此有默认的方法被调用，这个默认的方法就是构造函数，与之匹配的是析构函数。

6.5.1 构造方法与析构方法

在 Python 中有一些内置的方法，这些方法命名都有比较特殊的地方，比如其方法名以两个下画线开始然后以两个下画线结束。类中常用的就是构造方法和析构方法。

构造方法__init__(self,......)在生成对象时调用，可以用来进行一些初始化操作，不需要显示去调用，系统会默认执行。如果用户没有重新定义构造的方法，系统就会自动执行默认的构造方法，建立构造方法的格式如下。

```
class 类名():
    def __init__(参数):
        构造方法主体部分
```

构造一个 Student 类，新建文档 student9.py，具体实现代码如下。

```
class Student:
    def __init__(self,n,a):
        self.name=n
        self.age=a
p=Student('张三',20)
print(p.name,p.age)Student.staticShow()
```

执行后，运行结果如下。

```
张三 20
```

从上面的结果可以看出系统自动执行了默认的构造方法。

析构方法__del__(self)在释放对象时调用，可以在里面进行一些释放资源的操作，不需要显示调用，建立析构方法的格式如下。

```
class 类名():
    Def __del__(参数):
        析构方法主体部分
```

使用构造方法和析构方法的示例，新建文档 student10.py，具体实现代码如下。

```
class Student:
    def __init__(self,n):
        print("__init__",self,n)
        self.name=n
    def __del__(self):
        print("__del__",self)
    def show(self):
        print(self,self.name)
p=Student("Doris")
p.show()
print(p)
```

执行后，运行结果如下。

```
__init__ <__main__.Student object at 0x029C4A10> Doris
<__main__.Student object at 0x029C4A10> Doris
<__main__.Student object at 0x029C4A10>
__del__ <__main__.Student object at 0x0055D0F0>
```

在执行 p=Student()语句时建立一个 Student 类对象实例 p，自动调用__init__函数，并向该函数传递两个参数，一个是对象实例 p 传递给 self，另一个是"Doris"传递给 n 参数，于是在__init__中可以看到：

```
__init__ <__main__.Student object at 0x029C4A10> Doris
```

其中 p 对象的内存地址是 0x029C4A10。接下来执行 p.show()函数，它是通过实例调用的，因此会把 p 实例传递给函数 show 的 self 参数，于是在 show 中可以看到：

```
<__main__.Student object at 0x029C4A10> Doris
```

这个 self 地址与 p 是一样的，是同一个对象，在执行 print(p)时可以看到：

```
<__main__.Student object at 0x029C4A10>
```

主程序中的 p 对象也是这个地址。程序结束时自动撤销 p 对象，于是看到__del__函数执行。

```
__del__ <__main__.Student object at 0x0055D0F0>
```

6.5.2 对象的初始化

构造函数__init__是建立对象实例的自动调用函数，可以在这个函数中为实例对象初始化属性值。下面介绍实例对象的初始化，新建文档 student11.py，具体实现代码如下。

```python
class Student:
    def __init__ (self,n,g,a):
        self.name=n
        self.gender=g
        self.age=a
    def show(self):
        print(self.name,self.gender,self.age)
p=Student("李丽","女",21)
p.show()
```

执行后，运行结果如下。

```
李丽　女 21
```

在本程序中，执行语句 p=Student("李丽","女",21)是调用__init__函数，并传递 4 个参数给它，通过以下语句这个实例生成了 name、gender、age 属性，而且值由参数 n、g、a 确定。注意这几个属性是实例对象的属性，而不是类 Student 的类属性。

```
self.name=n
self.gender=g
```

```
        self.age=a
```

在 Python 中只允许有一个__init__函数，通过对__init__函数参数的默认值方法可以实现重载，例如：p=Student("Doris")，这样是错误的，因为__init__需要 4 个参数，而这里只提供两个参数。但是如果修改__init__的定义，使得它带默认参数就可以满足上述条件。新建文档 student12.py，通过设置__init__函数，使其有默认参数，具体实现代码如下。

```
class Student:
    def __init__ (self,n="",g="女",a=0):
        self.name=n
        self.gender=g
        self.age=a
    def show(self):
        print(self.name,self.gender,self.age)
a=Student("李丽")
b=Student("李丽","女")
c=Student("李丽","男",21)
a.show()
b.show()
c.show()
```

执行后，运行结果如下。

```
李丽 女 0
李丽 女 0
李丽 男 21
```

6.5.3 self 参数

类的实例方法至少带有一个参数，而且第一个参数通常命名为 self，在实例调用这个方法时会把实例传递给 self 参数。下面通过实例来解释 self 参数，新建文档 student13.py，具体实现代码如下。

```
class Student:
    def __init__ (self,n="",g="女",a=0):
        self.name=n
        self.gender=g
        self.age=a
    def show(self):
        print(self)
        print(self.name,self.gender,self.age)
p=Student("李丽","男",21)
Student.show(p)
p.show()
```

执行后，运行结果如下。

```
<__main__.Student object at 0x029B4A10>
李丽 男 21
```

<__main__.Student object at 0x029B4A10>
李丽 男 21

其中 Student.show(p)的效果与 p.show()是一样的，只是 Student.show(p)是直接把实例 p 传递给 self 参数，而 p.show()调用时 p 默认自动传递给 show 的 self，因此在 show 中可以使用 self.name、self.gender、self.age 访问到 p 的属性。

6.5.4　案例：日期类

编写一个日期类 MyDate，拥有年、月、日的数据，定义 MyDate.__init__函数实现对象的初始化，在数据不合理时抛出异常。新建文档 MyDate.py，具体实现代码如下。

```
class MyDate:
    __months=[0,31,28,31,30,31,30,31,31,30,31,30,31]
    def __init__ (self,y,m,d):
        if y<0:
            raise Exception("无效年份")
        if m<1 or m>12:
            raise Exception("无效月份")
        if y%400 == 0 or y%4 == 0 and y%100 == 0:
            MyDate.__months[2]=29
        else:
            MyDate.__months[2]=28
        if d<1 or d>MyDate.__months[m]:
            raise Exception("无效日期")
        self.year=y
        self.month=m
        self.day=d
    def show(self,end='\n'):
        print("%04d-%02d-%02d"%(self.year,self.month,self.day),end=end)
try:
    d=MyDate(2019,3,20)
    d.show()
except Exception as e:
    print(e)
```

执行后，运行结果如下。

```
2019-03-20
```

6.6　继承

面向对象编程（OOP）语言的另一个主要功能就是继承。继承是指使用现有类的所有功能，并可在无须重新编写原来的类的情况下对这些功能进行扩展。

通过继承创建的新类被称为子类或派生类，被继承的类被称为基类、父类或超类。继承的过程，就是从一般到特殊的过程。在某些 OOP 语言中，一个子类可以继承多个基类。但是一般情况下，一个子类只能有一个基类，要实现多重继承，可以通过多级继承来实现。

继承概念的实现方式主要有两类：实现继承和接口继承。实现继承是指使用基类的属性和方法，而无须额外编码的能力；接口继承是指仅使用属性和方法的名称，但是子类必须提供实现的能力（子类重构父类方法）。

在考虑使用继承时，有一点需要注意，那就是两个类之间的关系应该是"属于"关系。例如，Employee 是人，Manager 也是人，因此这两个类都可以继承 Person（人）类，但是 Leg 类却不能继承 Person 类，因为腿并不是一个人。

6.6.1　派生与继承

定义一个学生类 Student-com，包含姓名 name、性别 gender、年龄 age，还包含所学的专业 major、所在院系 dept，那么就没有必要重新定义 Student 类，只要从已经定义的 Student 类继承过来就行。新建文档 student14.py，具体实现代码如下。

```
class Student:
    def __init__(self,name,gender,age):
        self.name=name
        self.gender=gender
        self.age=age
    def show(self,end='\n'):
        print(self.name,self.gender,self.age,end=end)
class Student-com(Student):
    def __init__(self,name,gender,age,major,dept):
        Student.__init__(self,name,gender,age)
        self.major=major
        self.dept=dept
    def show(self):
        Student.show(self,' ')
        print(self.major,self.dept)
s=Student-com("张明","男",20,"软件技术","计算机工程系")
s.show()
```

执行后，运行结果如下。

张明 男 20 软件技术 计算机工程系

首先定义一个 Student 类包含有 name、gender、age 属性，派生出 Student-com 类（也可以称 Student-com 从 Student 继承），增加 major 与 dept 属性，这样 Student-com 就有 name、gender、age、major、dept 全部属性。Student 称为 Student-com 的基类，Student-com 继承自 Student 类。

6.6.2　构造函数的继承

从 Student-com 类的定义可以看出派生类的构造函数除了完成新增加的 major、dept 属性的初始化外，还要调用基类 Student 的构造函数，而且是显式调用，即

Student.__init__(self,name,gender,age)

通过类名称 Student 直接调用 Student 的__init__函数，并且提供所要的 4 个参数，继承

类是不会自动调用基类的构造函数的，必须显式调用。

6.6.3 属性方法的继承

如果一个基类中有一个实例方法，在继承类中也可以重新定义完全一样的实例方法。例如 Student 有 show 方法，在 Student-com 中也有一样的 show 方法，它们是不会混淆的，称为 Student-com 类的 show 重写了 Student 的 show。当然基类的实例方法也可以不被重写，派生类会继承这个基类的实例方法，也可以增加新的实例方法。

6.6.4 案例：日期时间类

前面通过编写一个日期类 MyDate，拥有年、月、日的数据，接下来再增加时、分、秒的数据，派生出日期时间类 MyDateTime。新建文档 MyDateTime.py，具体实现代码如下。

```python
class MyDate:
    __months=[0,31,28,31,30,31,30,31,31,30,31,30,31]
    def __init__(self,y,mo,d):
        if y<0:
            raise Exception("无效年份")
        if m<1 or m>12:
            raise Exception("无效月份")
        if y%400==0 or y%4==0 and y%100==0:
            MyDate.__months[2]=29
        else:
            MyDate.__months[2]=28
        if d<1 or d>MyDate.__months[m]:
            raise Exception("无效日期")
        self.year=y
        self.month=m
        self.day=d
    def show(self,end='\n'):
        print("%04d-%02d-%02d"%(self.year,self.month,self.day),end=end)
class MyDateTime(MyDate):
    def __init__(self,y,mo,d,h,mi,s):
        MyDate.__init__(self,y,mo,d)
        if h<0 or h>23 or mi<0 or mi>59 or s<0 or s>59:
            raise Exception("无效时间")
        self.hour=h
        self.minute=mi
        self.second=s
try:
    d=MyDate(2019,3,21,21,33,43)
    d.show()
except Exception as e:
    print(e)
```

执行后，运行结果如下。

6.7 任务实现

本项目通过面向对象的方法设计学生类 Student，包含学生姓名 Name、性别 Gender、年龄 Age，然后设计学生记录管理类 StudentList 来管理一组学生记录。新建文档 student.py，具体实现代码如下。

```python
class Student:
    def __init__(self,No,Name,Gender,Age):
        self.No=No
        self.Name=Name
        self.Gender=Gender
        self.Age=Age
    def show(self):
        print("%-16s %-16s %-8s %-4d" %(self.No,self.Name,self.Gender,self.Age))
class StudentList:
    def __init__(self):
        self.students=[]
    def show(self):
        print("%-16s %-16s %-8s %-4s" %("No","Name","Gender","Age"))
        for s in self.students:
            s.show()
    def __insert(self,s):
        i=0
        while(i<len(self.students) and s.No>self.students[i].No):
            i=i+1
        if (i<len(self.students) and s.No>self.students[i].No):
            print(s.No+"已经存在")
            return False
        self.students.insert(i,s)
        print("增加成功")
        return True
    def __update(self,s):
        flag=False
        for i in range(len(self.students)):
            if (s.No == self.students[i].No):
                self.students[i].Name =s.Name
                self.students[i].Gender =s.Gender
                self.students[i].Age =s.Age
                prints("修改成功")
                flag=True
                break
        if(not flag):
            print("没有这个学生")
        return flag
```

```python
def __update(self,No):
    flag=False
    for i in range(len(self.students)):
        if (self.students[i].No == No):
            del self.student[i]
            prints("删除成功")
            flag=True
            break
    if(not flag):
        print("没有这个学生")
    return flag
def insert(self):
    No=input("No=")
    Name=input("Name=")
    while True:
        Gender=input("Gender=")
        if (Gender=="男" or Gender=="女"):
            break
        else:
            print("Gender is not valid")
    Age=input("Age=")
    if(Age==""):
        Age=0
    else:
        Age=int(Age)
    if No != "" and Name != "":
        self.__insert(Student(No,Name,Gender,Age))
    else:
        print("学号，姓名不能为空")
def update(self):
    No=input("No=")
    Name=input("Name=")
    while True:
        Gender=input("Gender=")
        if (Gender=="男" or Gender=="女"):
            break
        else:
            print("Gender is not valid")
    Age=input("Age=")
    if(Age==""):
        Age=0
    else:
        Age=int(Age)
    if No != "" and Name != "":
        self.__update(Student(No,Name,Gender,Age))
    else:
        print("学号，姓名不能为空")
```

```
def process(self):
    while True:
        s = input(">")
        if (s == "show"):
            self.show()
        elif (s == "insert"):
            self.insert()
        elif (s == "update"):
            self.update()
        elif (s == "delete"):
            self.delete()
        elif (s == "exit"):
            break
        else:
            print("show:显示学生")
            print("insert:插入一个新学生")
            print("update:更新学生信息")
            print("delete:删除一个学生")
            print("exit: 退出")
st=StudentList()
st.process()
```

执行后，运行结果如下。

```
>show
No                  Name            Gender      Age
>insert
No=1
Name=李丽
Gender=女
Age=21
增加成功
>show
No                  Name            Gender      Age
1                   李丽             女          21
>update
No=1
Name=张丽
Gender=女
Age=21
修改成功
>show
No                  Name            Gender      Age
1                   张丽             女          21
>
```

在本程序中首先设计学生类 Student，然后设计学生记录管理类 StudentList，在该类中 students=[]是一个列表，列表的每个元素是一个 Student 对象，这样就记录了一组学生。

159

增加学生记录的函数是 insert 与__insert，其中 insert 函数完成学生信息的输入，__insert 完成学生记录的真正插入，插入时通过扫描学生学号 No 确定插入学生的位置，保证插入的学生是按照学号从小到大排列的。

更新记录的函数是 update 与__update，其中 update 函数完成学生信息的更新，__update 完成学生记录的真正更新，更新时通过扫描学生学号 No 确定学生的位置，学号不能更新。

删除记录的函数是 delete 与__delete，其中 delete 完成学生学号的删除，__delete 函数完成学生记录的真正删除。

Process 函数启动一个无限循环，不断显示命令提示符号>，等待输入命令，能接受的命令是 show、insert、update、delete、exit，其他输入无效。

6.8 小结

本章首先介绍 Python 对象编程的基本知识，包括面向对象概述等，以及类的 3 种方法，并通过 Student 类详细介绍类的属性和方法的设置，介绍对象初始化的实现、构造方法和析构方法的使用以及 self 参数的设置，最后介绍了继承的种类和使用。

通过本章内容的学习，读者可成功使用 Python 创建学生信息管理系统，完成学生信息管理系统中学生信息的显示、增加、更新、删除等功能。

6.9 习题

1. 定义一个数学中的复数类 Complex，它有一个构造函数和一个显示函数，建立一个 Complex 对象并调用显示该函数。

2. 建立一个普通人员类 Person，包含姓名 name、性别 gender、年龄 age 成员变量。

1）建立 Person 类，包含 Private 成员 name、sex、age 成员变量。

2）建立 Person 的构造方法。

3）建立一个显示方法 Show()，显示该对象的数据。

任务 7　文件 I/O——文件批量处理程序

任务目标
- 认识文件，了解 Python 文件打开的基本知识，了解文件路径的基本知识。
- 掌握 Python 文件读写相关的方法及应用。
- 掌握与文件相关的 shutil 和 os 模块及应用。
- 编程实现批量修改文件名的程序。

7.1　任务描述

文件是用于存储数据的，它可以让程序在执行的时候，直接使用存储的数据。文件操作是最常见的 I/O 操作之一。Python 内置了读写文件的函数，用法和 C 是兼容的。

读写文件前，先了解一下磁盘上读写文件的功能都是由操作系统提供的，现代操作系统不允许普通的程序直接操作磁盘，所以读写文件就是请求操作系统打开一个文件对象（通常称为文件描述符），然后通过操作系统提供的接口从这个文件对象中读取数据（读文件），或者把数据写入这个文件对象（写文件）。

本章首先介绍文件的基本知识，并详细介绍文件读写的方法和应用，重点介绍 shutil 模块和 os 模块的使用，实现对文件和目录的复制、移动、删除等操作。最后实现文件批量处理程序的功能，任务描述如下。

1）通过 os 模块获取该目录下所有文件，存入列表中。
2）设置旧文件名即路径+文件名。
3）设置新文件名。
4）用 os 模块中的 rename 方法对文件改名。

7.2　文件基本知识

7.2.1　认识文件

文件是操作系统管理和存储的一种方式。Python 使用内置的文件对象进行文件处理。在学习文件操作的实例之前，首先介绍一下文件操作。

读者在操作系统中进行文件的创建、打开、写入、删除等操作时，均是直接在操作系统中进行相应的操作。如果希望创建一个文件，可以打开对应的目录，然后单击鼠标右键，选择"新建"命令，再选择相应的文件类型进行创建。如果希望删除文件，则找到相应的文件，选中它，直接进行删除操作即可。

实际上，如果希望对系统的文件进行操作，通常可以采用可视化操作（Windows 或者 Linux 操作系统下），或者通过一些编程语言编写相应的程序脚本，完成对相应文件的操作。

在 Python 中使用代码进行相应的文件操作，一般会使用 Python 中关于文件操作的方法，常见的方法见表 7-1，表中的 ft 表示通过 open()打开文件后的文件句柄变量。

表 7-1　Python 中关于文件操作的常见方法

方　　法	含　　义	使 用 格 式	说　　明
open()	打开文件	变量名=open(文件路径，打开方式)	如果需要指定编码类型，通过参数"encoding=对应编码"指定
read()	读取文件内容	ft.read([长度])	可以直接读取指定长度的文件内容，不指定长度则读取全部
readline()	读取一行文件内容	ft.readline()	每次读取文件里面的一行内容
readlines()	按行读取全部内容	ft.readlines()	读取全部内容，但是会按行存储，每行内容是列表的一个元素
write()	写入内容到文件里	ft.write(写入的内容)	写入后需要调用 close()方法关闭文件，之后才能存储起来
close()	关闭文件	ft.close()	将相应的文件关闭

除了表 7-1 中的方法之外，还有很多文件操作的方法，本书只是介绍一些常用的文件操作方法，更多的方法读者可在后续需要时进一步了解学习。

7.2.2　文件打开

在 Python 中使用 open()函数用于打开一个文件，创建一个对象。其工作流程是首先打开文件，得到文件句柄并赋值给一个变量，通过句柄对文件进行操作，最后关闭文件。

open 语法格式如下。

文件对象=open(文件路径[，文件模式])

在上述格式中，"文件路径"必须填写，"文件模式"是可选项。

例如，打开一个名称为"text.txt"的文件，代码如下。

file=open('text.txt')

需要注意的是，使用 open 函数打开文件时，如果没有注明文件模式，则必须保证文件是存在的，否则会报出异常信息。

如果使用 open 打开文件时，只带一个文件名，那么只能读取文件。如果需要在打开的文件中写数据，则必须指明文件的访问模式。Python 中文件的访问模式有很多，常用的文件模式见表 7-2。

表 7-2　文件模式

模　　式	描　　述
r	以只读方式打开文件，文件的指针将会放在文件的开头。这是默认模式
rb	以二进制格式打开一个文件用于只读，文件指针将会放在文件的开头。这是默认模式
r+	打开一个文件用于读写，文件指针将会放在文件的开头
rb+	以二进制格式打开一个文件用于读写，文件指针将会放在文件的开头
w	打开一个文件只用于写入。如果该文件已存在则打开文件，并从开头开始编辑，即原有内容会被删除。如果该文件不存在，则创建新文件
wb	以二进制格式打开一个文件只用于写入。如果该文件已存在则打开文件，并从开头开始编辑，即原有内容会被删除。如果该文件不存在，则创建新文件

（续）

模　式	描　述
w+	打开一个文件用于读写。如果该文件已存在则打开文件，并从开头开始编辑，即原有内容会被删除。如果该文件不存在，则创建新文件
wb+	以二进制格式打开一个文件用于读写。如果该文件已存在则打开文件，并从开头开始编辑，即原有内容会被删除。如果该文件不存在，则创建新文件
a	打开一个文件用于追加。如果该文件已存在，文件指针将会放在文件的结尾。也就是说，新的内容将会被写入到已有内容之后。如果该文件不存在，则创建新文件进行写入
ab	以二进制格式打开一个文件用于追加。如果该文件已存在，文件指针将会放在文件的结尾。也就是说，新的内容将会被写入到已有内容之后。如果该文件不存在，则创建新文件进行写入
a+	打开一个文件用于读写。如果该文件已存在，文件指针将会放在文件的结尾。文件打开时会是追加模式。如果该文件不存在，则创建新文件用于读写
ab+	以二进制格式打开一个文件用于追加。如果该文件已存在，文件指针将会放在文件的结尾。如果该文件不存在，则创建新文件用于读写

注意：后面带 b 的方式，不需要考虑编码方式。带+号的，则可读可写，不过它们之间还是有区别的。

如果希望以写入的方式打开或创建一个文件，该文件位于 D 盘的 Python35 目录下，名称为 abc.txt，可以通过如下代码完成。

```
>>>ft=open("D:/Python35/abc.txt", "w")        # 以写入的方式打开或创建文件
```

如果“D:/Python35/abc.txt”文件已经存在，则会被打开，如果“D:/Python35/abc.txt”文件不存在，则会新建该文件，并将其打开。

一般来说，在完成对文件的打开之后，就可以对文件进行相应的操作了。完成操作之后，需要关闭文件。关闭文件的操作示例如下。

```
>>>ft=open("D:/Python35/abc.txt", "w")        # 以写入的方式打开或创建文件
>>>ft.close()                                 # 关闭这个文件
```

如果要读取非 UTF-8 编码的文本文件，需要给 open()函数传入 encoding 参数，例如，读取 GBK 编码的文件。

```
>>>ft= open('/Users/michael/gbk.txt', 'r', encoding='gbk')
>>>ft.read()                                  # 读取这个文件
'测试'                                         # 文件读取的内容
```

遇到有些编码不规范的文件，可能会发生 UnicodeDecodeError 的错误，因为在文本文件中可能夹杂了一些非法编码的字符。遇到这种情况，open()函数还接收一个 errors 参数，表示如果遇到编码错误后如何处理。最简单的方式是直接忽略。

```
>>> ft = open('/Users/michael/gbk.txt', 'r', encoding='gbk', errors='ignore')
```

7.2.3　文件路径

在 Python 中，对于文件的读取需要从文件路径中找到文件，Python 将在当前执行的文件（即.py 程序文件）所在的目录中查找文件。

根据组织文件的方式，有时可能要打开不在程序文件所属目录中的文件。例如，可能将程序文件存放在文件夹 python_stu 中，而在文件夹 python_stu 中，有一个名为 text_files 的文件夹，用于存储程序文件操作的文本文件。虽然文件夹 text_files 包含在文件夹 python_stu

中，但是向 open()传递位于该文件夹中的文件名称也不可行，因为 Python 只能在文件夹 python_stu 中查找，而不会在其子文件夹 text_files 中查找。要让 Python 打开不与程序文件位于同一目录中的文件需要提供文件路径，它让 Python 到系统的特定位置去查找。

由于文件夹 text_files 位于文件夹 python_stu 中，因此可使用相对文件路径来打开该文件夹中的文件。相对文件路径让 Python 到指定的位置去查找，而该位置是相对于当前运行的程序所在的目录。

可以将文件在计算机中的准确位置告诉 Python，这样就不用关心当前运行的程序存放在什么地方了，这称为绝对文件路径。在相对路径行不通时，可使用绝对路径。例如，如果 text_files 并不在文件夹 python_stu 中，而在文件夹 other_files 中，则向 open()传递路径 'text_files/filename.txt'行不通，因为 Python 只在文件夹 python_stu 中查找该位置。为了明确地指出你希望 Python 到哪里去查找，需要提供完整的路径。

绝对路径通常比相对路径长，因此，可先将其存储在一个变量中，再将该变量传递给 open()。在 windows 系统中，类似于下面这样。

```
>>>f_path ='C:\Users\micha\other_files\text_files\gbk.txt'     # 将路径存储在变量 f_path 中
>>>with open(f_path) as file_object:                           # 读取这个文件
```

通过使用绝对路径，可读取系统中任何地方的文件。就目前而言，简单的做法是，要么将数据文件存储在程序文件所在的目录，要么将其存储在程序文件所在目录下的文件夹中。

7.3 文件读写

文件重要的功能是接收数据和提供数据，文件读写是常见的 I/O 操作。Python 内置了文件读写的函数，用法和 C 是兼容的。

7.3.1 文件读取的方法

如果要使用 Python 代码对相应的文件进行读取，首先需要确定是以二进制的模式读取还是以非二进制的模式读取。如果以非二进制的模式读取，还需要确定以什么编码方式进行读取。如果以默认的编码方式读取文件，可以不用设置 encoding 参数，否则，需要指出 encoding 参数的属性是 UTF-8、gbk 或者 gb2312。

Python 文件对象提供了 3 个"读"方法：read()、readline()和 readlines()。每种方法都可以接受一个变量以限制每次读取的数据量。

1）read()每次读取整个文件，它通常用于将文件内容放到一个字符串变量中。如果文件大于可用内存，可以反复调用 read(size)方法，每次最多读取 size 个字节的内容。

2）readlines()与 read()之间的差异是前者一次读取整个文件。readlines()自动将文件内容分析成一个行的列表，该列表可以由 Python 的 for...in...结构进行处理。

3）readline()每次只读取一行，通常比 readlines()慢得多。仅当没有足够内存可以一次读取整个文件时，才使用 readline()。

7.3.2 文件读取的应用

假设现在有一个文件的路径为"D:/text/春晓.txt"，文件的内容如图 7-1 所示。

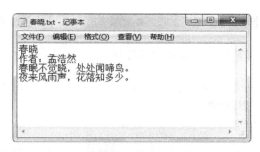

图 7-1 春晓.txt 文件内容

如果希望通过 Python 代码读取这个文件,可以通过如下代码实现,关键部分已经给出详细解释。

```
>>> #以非二进制的默认编码方式打开对应的文件
>>> ft=open('D:/text/春晓.txt','r')
>>> #一次读完所有内容
>>> data=ft.read()
>>> print(data)
春晓
作者:孟浩然
春眠不觉晓,处处闻啼鸟。
夜来风雨声,花落知多少。
>>> #读完后 f 中就没有内容了
>>> ft.read()
''
>>>
>>> #关闭该文件并重新打开
>>> ft.close()
>>> ft=open('D:/text/春晓.txt','r')
>>> #每次读取一行内容
>>> ft.readline()
'春晓\n'
>>> ft.readline()
'作者:孟浩然\n'
>>> ft.readline()
'春眠不觉晓,处处闻啼鸟。\n'
>>> ft.readline()
'夜来风雨声,花落知多少。'
>>> ft.readline()
''
>>>
>>> #关闭该文件并重新打开
>>> ft.close()
>>> ft=open('D:/text/春晓.txt','r')
>>> #一次性读完,但按行存储
>>> data=ft.readlines()
>>> print(data)
```

['春晓\n', '作者：孟浩然\n', '春眠不觉晓，处处闻啼鸟。\n', '夜来风雨声，花落知多少。']
>>>
>>> #关闭该文件，重新以 gbk 的编码方式打开
>>> ft.close()
>>> ft=open('D:/text/春晓.txt','r',encoding='gbk')
>>> #一次性读完，按行存储
>>> data=ft.readlines()
>>> print(data)
['春晓\n', '作者：孟浩然\n', '春眠不觉晓，处处闻啼鸟。\n', '夜来风雨声，花落知多少。']
>>>
>>> #关闭该文件，重新以二进制的方式打开
>>> ft.close()
>>> ft=open('D:/text/春晓.txt','rb')
>>> #读取文件的内容
>>> ft.read()
b'\xb4\xba\xcf\xfe\r\n\xd7\xf7\xd5\xdf\xa3\xba\xc3\xcf\xba\xc6\xc8\xbb\r\n\xb4\xba\xc3\xdf\xb2\xbb\xbe\xf5\xcf\xfe\xa3\xac\xb4\xa6\xb4\xa6\xce\xc5\xcc\xe4\xc4\xf1\xa1\xa3\r\n\xd2\xb9\xc0\xb4\xb7\xe7\xd3\xea\xc9\xf9\xa3\xac\xbb\xa8\xc2\xe4\xd6\xaa\xb6\xe0\xc9\xd9\xa1\xa3'
>>>
>>> #关闭该文件并重新打开
>>> ft.close()
>>> ft=open('D:/text/春晓.txt','rb')
>>> #一次性读完，按行存储
>>> data=ft.readlines()
>>> print(data)
[b'\xb4\xba\xcf\xfe\r\n', b'\xd7\xf7\xd5\xdf\xa3\xba\xc3\xcf\xba\xc6\xc8\xbb\r\n', b'\xb4\xba\xc3\xdf\xb2\xbb\xbe\xf5\xcf\xfe\xa3\xac\xb4\xa6\xb4\xa6\xce\xc5\xcc\xe4\xc4\xf1\xa1\xa3\r\n', b'\xd2\xb9\xc0\xb4\xb7\xe7\xd3\xea\xc9\xf9\xa3\xac\xbb\xa8\xc2\xe4\xd6\xaa\xb6\xe0\xc9\xd9\xa1\xa3']
>>> #可以看到，每一行的内容都是二进制格式
>>> #最后，关闭文件，有始有终
>>> ft.close()

通过上面的练习，读者应该对文件读取的操作有了基本的了解，并且能够进行基本的操作了。

7.3.3 文件写入的方法

写文件和读文件是一样的，唯一区别是调用 open()函数时，传入标识符 w 或者 wb 表示写文本文件或写二进制文件。首先需要确定以什么模式写入，比如是以非二进制的模式写入还是以二进制的模式写入。如果以非二进制的模式写入，还需要确定是以什么编码方式，从 UTF-8、gbk 或者 gb2312 编码方式中选择一个，当然也可以不进行设置 encoding，使用默认编码方式写入。

其次还要确定是以哪种方式写入，是以追加的方式还是以覆盖的方式写入。w 模式表示如果没有这个文件，就创建一个；如果有，那么就会先把原文件的内容清空再写入新的内容。所以若不想清空原来的内容而是直接在后面追加新的内容，就用 a 模式。

读者需要注意的是可以反复调用 write()来写入文件，但是务必要调用 f.close()来关闭

文件。当写文件时，操作系统往往不会立刻把数据写入磁盘，而是放到内存缓存起来，空闲的时候再写入。只有调用 close()方法时，操作系统才把没有写入的数据全部写入磁盘。忘记调用 close()的后果是数据可能只写了一部分到磁盘，剩下的数据则会丢失。

Python 文件对象提供了两个"写"方法： write() 和 writelines()。

● write()方法和 read()、readline()方法对应，是将字符串写入到文件中。
● writelines()方法和 readlines()方法对应，也是针对列表的操作。它接收一个字符串列表作为参数，将它们写入到文件中，换行符不会自动加入。因此，需要显式地加入换行符。

7.3.4 文件写入的应用

如果希望将下面的内容写入到"D:/text/春晓.txt"中。

静夜思
作者：李白
床前明月光，疑是地上霜。
举头望明月，低头思故乡。

可以使用如下代码实现，关键部分已给出注释。

```
>>> #设置待写入的内容 ---全文
>>> data1="静夜思\n 作者：李白\n 床前明月光，疑是地上霜。\n 举头望明月，低头思故乡。"
>>> #设置待写入的内容   ---按行存储
>>> data2=["静夜思","作者：李白","床前明月光，疑是地上霜。","举头望明月，低头思故乡。"]
>>> #覆盖非二进制常规编码写入的方式    ---开始
>>> #打开或者创建文件
>>> ft=open('D:/text/春晓.txt','w')
>>> #直接将内容写入
>>> ft.write(data1)
35
>>> #关闭并保存写入文件
>>> ft.close()
>>> #上面写入的结果如图 7-2 所示
>>> #重新打开相应的文件
>>> ft=open('D:/text/春晓.txt','w')
>>> #按行将内容写入
>>> ft.writelines(data2)
>>> #关闭并保存写入文件
>>> ft.close()
>>> #上面写入的结果如图 7-3 所示，可见此时将原有的内容覆盖
>>> #并且此时并没有换行，如果希望换行，只需在写入内容里每行后面加上\n 即可
>>> #覆盖非二进制编码写入的方式结束，接下来尝试追加的方式写入
>>> #以追加的方式打开对应文件
>>> ft=open('D:/text/春晓.txt','a')
>>> #在原文件的内容后面写入"举头望明月，低头思故乡。"
>>> ft.write('\n')
```

```
1
>>> ft.write(data2[3]+'\n')
13
>>> #保存并关闭文件
>>> ft.close()
>>> #上面的写入结果如图 7-4 所示
>>> #可见原来的内容没有被覆盖，并且新的内容写在了原内容的后面
```

通过上面的练习，读者基本掌握如何使用 write 将内容写入文件的方法。上面代码的执行结果分别如图 7-2～图 7-4 所示。读者可以参照代码及图中的结果，详细地了解不同的写入方法执行的效果不同。

图 7-2 文件写入结果 1

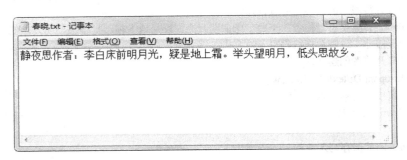

图 7-3 文件写入结果 2

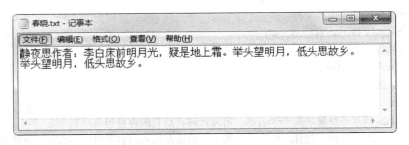

图 7-4 文件写入结果 3

上面的代码没有介绍二进制写入的方式。实际上，二进制写入的方式就是将相应的二进制数据直接写入到文件中。如果使用二进制的写入方式，只需在打开文件时，在设置模式的参数上添加 b 即可。比如，"wb" "ab" 就是以二进制的模式写入。

7.4 shutil 和 os 模块

本节介绍文件的其他操作，比如文件的复制、删除、重命名和目录的删除操作。如果读者想要执行这些操作，首先需要调用 shutil 模块或者 os 模块。

7.4.1 shutil 模块

首先介绍文件的复制操作，文件的复制和文件的移动是有区别的。文件的复制是将原文件保留，而文件的移动，原文件会消失。如果进行文件的复制操作，可以通过下面代码实现。

```
>>> import shutil
>>> shutil.copyfile('D:/text/春晓.txt','D:/text/春晓 2.txt',)
'D:/text/春晓 2.txt'
```

执行上面的代码后，在"D:/text"中出现了"春晓 2.txt"文件，而原文件并没有消失。

在上面的代码中使用了 shutil 模块，它是一个高级的文件，文件夹和压缩包的处理模块，主要进行文件的复制、移动等操作。表 7-3 列出了 shutil 模块的相关操作。

表 7-3 shutil 模块操作说明

名　称	功　能	格　式	返　回　值
shutil.copy()	复制文件	shutil.copy('来源文件','目标地址')	复制之后的路径
shutil.copy2()	复制文件，保留元数据	shutil.copy2('来源文件','目标地址')	复制之后的路径
shutil.copyfileobj()	将一个文件的内容复制到另外一个文件当中	shutil.copyfileobj(open(来源文件,'r'),open('目标文件','w'))	无
shutil.copyfile()	将一个文件的内容复制到另外一个文件当中	shutil.copyfile(来源文件,目标文件)	目标文件的路径
shutil.copytree()	复制整个文件目录	shutil.copytree(来源目录,目标目录)	目标目录的路径
shutil.copymode()	复制权限	shutil.copymode (来源文件,目标文件)	无
shutil.copystat()	复制元数据（状态）	shutil.copystat(来源文件,目标文件)	状态信息
shutil.rmtree()	移除整个目录，无论是否空	shutil.rmtree(目录路径)	无
shutil.move()	移动文件或者文件夹	shutil.move(来源地址,目标地址)	目标地址
shutil.which()	检测命令对应的文件路径	shutil.which('命令字符串')	命令文件所在位置
shutil.disk_usage()	检测磁盘使用信息	shutil.disk_usage('盘符')	元组

7.4.2 os 模块

在 Python 中，os 模块提供了多数操作系统的功能接口函数，它是用于将 Python 与文件系统更加紧密连接的一种模块。当 os 模块被导入后，它会自适应于不同的操作系统平台，根据不同的平台进行相应的操作。在 Python 编程时，经常和文件、目录打交道，所以离不了 os 模块，表 7-4 列出了 os 模块关于文件的相关操作。

表 7-4 os 模块有关文件的操作说明

序　号	名　称	属　性　描　述
1	os.getcwd()	得到当前工作目录，即当前 Python 脚本工作的目录路径
2	os.listdir()	返回指定目录下的所有文件和目录名

序　号	名　称	属 性 描 述
3	os.remove()	用来删除一个文件
4	os.removedirs("c:\python ")	删除多个目录
5	os.path.isfile()	检验给出的路径是否为一个文件
6	os.path.isdir()	检验给出的路径是否为一个目录
7	os.path.isabs()	判断是否为绝对路径
8	os.path.exists()	检验给出的路径是否真的存在
9	os.path.split()	返回一个路径的目录名和文件名
10	os.path.splitext()	分离扩展名
11	os.path.dirname()	获取路径名
12	os.path.basename()	获取文件名
13	os.system()	运行 shell 命令
14	os.getenv() 与 os.putenv()	读取和设置环境变量
15	os.name	指示正在使用的平台，对于 Windows，它是 nt，而对于 Linux/UNIX 用户，它是 posix
16	os.rename(ld,new)	重命名文件
17	os.makedirs(r"c:\python\test")	创建多级目录
18	os.mkdir("test")	创建单个目录
19	os.stat(file)	获取文件属性
20	os.chmod(file)	修改文件权限与时间戳
21	os.exit()	终止当前进程
22	os.path.getsize(filename)	获取文件大小

下面主要介绍几个常用的 os 模块方法，如果想要删除某个文件，可以使用 os.remove() 方法进行，比如想要删除"D:/text/春晓.txt"可以通过如下代码实现。

```
>>> import os
>>> os.remove("D:/text/春晓.txt")        #删除 D:/text/春晓.txt 文件
```

删除后，该目录下对应的"春晓.txt"文件就会消失。

如果希望重命名某个文件，可以通过 os.rename 方法来实现，比如将"D:/text/春晓.txt"的文件重命名为"春晓 2.txt"，可以通过如下代码实现。

```
>>> import os
>>> os.rename("D:/text/春晓.txt", "D:/text/春晓 2.txt")        #重命名 D:/text/春晓.txt 文件
```

执行完上面的代码之后，文件重命名成功。但是需要注意的是重命名某个文件时，不能被其他程序所占用，否则就会出现"PermissionRrror：[WinError 32]另一个程序正在使用此文件，进程无法访问"的提示。在出现这一类提示时，需要先将占用该文件的程序关闭，随后方可进行重命名的操作。

如果想删除一个目录，可以使用 os.rmdir()或者 shutil.rmtree()方法实现。需要注意的是 os.rmdir()只能删除空目录（即该目录下没有任何文件），而 shutil.rmtree()不管是空目录还是

非空目录，都可以删除。

比如删除"D:/text"这个目录，由于该文件夹下面还有文件，所以可以使用 shutil.rmtree() 删除该目录，也可以将该目录下的文件全部删除之后，再通过 os.rmdir()删除该目录，具体代码实现如下。

```
>>> import shutil
>>> import os
>>> #在目录非空的情况下，使用 os.rmdir()删除，会出错
>>> os.rmdir('D:/text')
Traceback (most recent call last):
    File "<pyshell#2>", line 1, in <module>
        os.rmdir('D:/text')
OSError: [WinError 145] 目录不是空的。: 'D:/text'
>>> #如果想要使用 os.rmdir()删除，可以先删除该目录下的文件，再执行上面的操作
>>> #但是可以使用 shutil.rmtree()删除，不管是否非空
>>> shutil.rmtree('D:/text')
```

执行完上面的操作之后，对应的目录就删除成功了。

7.5 任务实现

在前面的章节中，学习了使用 Python 中的文件操作方法对文件进行读取和写入，介绍了 os 模块和 shutil 模块，下面利用 os 模块批量修改文件名，实现文件批量处理程序的操作。新建文档 update.py，代码如下。

```
import os
path= r'F:\python/'
#获取该目录下所有文件，存入列表中
f=os.listdir(path)
n=0
for i in f:

    #设置旧文件名（就是 路径+文件名）
    oldname=path+f[n]

     #设置新文件名
    newname=path+'a'+str(n+1)+'.JPG'

    #用 os 模块中的 rename 方法对文件改名
        os.rename(oldname,newname)
        print(oldname,'=====>',newname)
        n+=1
```

完成代码编写后，运行程序，结果如图 7-5 所示。

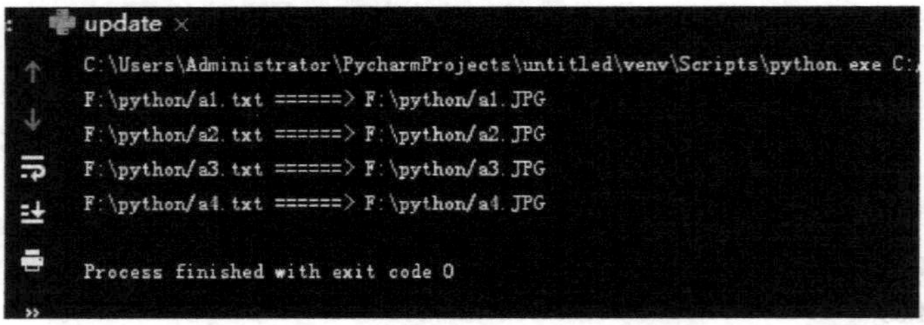

图 7-5　update.py 运行结果

程序运行前，所有的文件后缀名均为.txt，如图 7-6 所示。程序运行后，所有文件后缀名均改为.JPG，如图 7-7 所示，实现了对文件的批处理。

图 7-6　程序运行前　　　　　　　　　　　图 7-7　程序运行后

从运行结果可以看出，使用文件 os 模块实现了文件批量处理程序。

7.6　小结

在本章中，主要针对 Python 中的文件操作进行了讲解，包括文件的基本知识、认识什么是文件、文件如何打开和关闭以及文件的路径等。通过对文件读取和写入操作的讲解，掌握文件读取的 3 种方式和文件写入的方法。介绍了 os 模块和 shutil 模块，实现对文件和目录的复制、移动、删除等操作，希望读者认真掌握文件的相关操作，能够熟练使用相关方法实现具体的功能。

7.7　习题

一、选择题

1. 打开一个已有文件，然后在文件末尾添加信息，正确的打开方式为（　　　）。
　　A. r　　　　　　　B. w　　　　　　　C. a　　　　　　　D. w+
2. 假设文件不存在，如果使用 open 方法打开文件会报错，那么该文件的打开方式是下列哪种模式？（　　　）
　　A. r　　　　　　　B. w　　　　　　　C. a　　　　　　　D. w+
3. 假设 file 是文本文件对象，下列选项中，哪个用于读取一行内容？（　　　）

A．file.read()　B．file.read(200)　C．file.readline()　D．file.readlines(200)

4．下列方法中，用于向文件写内容的是（　　　）。

　　A．open　　　　B．write　　　　C．close　　　　D．read

5．语句 f = open('text.txt', 'w')打开文件的位置是在（　　　）。

　　A．C 盘根目录下　　　　　　　B．D 盘根目录

　　C．Python 安装目录下　　　　D．与源文件在相同的目录下

二、填空题

1．对文件进行读写，操作完成后，应该调用_____方法关闭文件，以释放资源。

2．使用 readlines 方法把整个文件中的内容进行一次性读取，返回的是一个_____。

3．os 模块中的 mkdir 方法用于创建_____。

4．在读写文件的过程中，_____方法可以获取当前的读写位置。

三、简答题

1．请简述读取文件的几种方法的区别。

2．请简述 os 模块的用法。

任务 8　异常处理——优化猜数字程序

任务目标

◆ 掌握 Python 编程的异常处理机制。

◆ 掌握 Python 编程如何抛出异常。

◆ 掌握 Python 编程如何自定义异常。

◆ 优化猜数字程序代码，捕获猜数字程序的异常输入。

8.1　任务描述

一般情况下在 Python 无法正常处理程序时就会发生异常。为了提高程序的健壮性，需要有一些柔和的方法去处理这些异常。对于异常处理，现在主流的语言 C++、Java、Perl、Ruby 都有异常处理的机制，Python 也不例外。Python 提供了两个非常重要的功能来处理程序在运行中出现的异常和错误：异常处理和断言。通过这两种机制，编程人员可以调试 Python 程序。

本章首先介绍异常及异常类，接着讲解异常处理方法以及抛出异常的两个语句：raise 和 assert，然后介绍自定义异常的方法。最后本章通过优化前面章节做过的猜数字程序实例，演示异常的应用。猜数字程序的主体函数 guess_main 优化后的功能如下。

1）输出猜数字程序的帮助信息。

2）生成 1～50 之间的随机整数。

3）循环让用户猜数字，其中会对用户的异常输入进行处理。

8.2　了解异常

8.2.1　异常简介

异常是一个事件，该事件会在程序执行过程中发生，影响程序的正常执行。一般情况下，在 Python 无法正常处理程序时就会发生异常。异常是 Python 的一个对象，表示一个错误。当 Python 脚本发生异常时，程序员需要捕获处理它，否则程序会终止执行，并打印错误消息。

```
>>> 10 * (1/0)
Traceback (most recent call last):
    File "<input>", line 1, in <module>
ZeroDivisionError: division by zero
```

最后一行的错误消息提示发生了什么事。异常有不同的类型，其类型会作为消息的一部分打印出来，在这个例子中的异常类型是 ZeroDivisionError。打印出来的异常类型的字符串就是内置异常的名称。标准异常的名称都是内置的标识符。

8.2.2 异常类

表 8-1 列出的是 Python 的标准异常类说明。

表 8-1　标准异常类详细说明

异常名称	描述
BaseException	所有异常的基类
SystemExit	解释器请求退出
KeyboardInterrupt	用户中断执行（通常是输入^C）
Exception	常规错误的基类
StopIteration	迭代器没有更多的值
GeneratorExit	生成器（generator）发生异常来通知退出
SystemExit	Python 解释器请求退出
StandardError	所有的内建标准异常的基类
ArithmeticError	所有数值计算错误的基类
FloatingPointError	浮点计算错误
OverflowError	数值运算超出最大限制
ZeroDivisionError	除（或取模）零（所有数据类型）
AssertionError	断言语句失败
AttributeError	对象没有这个属性
EOFError	没有内建输入，到达 EOF 标记
EnvironmentError	操作系统错误的基类
IOError	输入/输出操作失败
OSError	操作系统错误
WindowsError	系统调用失败
ImportError	导入模块/对象失败
KeyboardInterrupt	用户中断执行（通常是输入^C）
LookupError	无效数据查询的基类
IndexError	序列中没有此索引（index）
KeyError	映射中没有这个键
MemoryError	内存溢出错误（对于 Python 解释器不是致命的）
NameError	未声明/初始化对象 （没有属性）
UnboundLocalError	访问未初始化的本地变量
ReferenceError	弱引用（Weak Reference）试图访问已经回收了的对象
RuntimeError	一般的运行时错误
NotImplementedError	尚未实现的方法
SyntaxError	Python 语法错误
IndentationError	缩进错误
TabError	Tab 和空格混用
SystemError	一般的解释器系统错误

（续）

异 常 名 称	描 述
TypeError	对类型无效的操作
ValueError	传入无效的参数
UnicodeError	Unicode 相关的错误
UnicodeDecodeError	Unicode 解码时的错误
UnicodeEncodeError	Unicode 编码时的错误
UnicodeTranslateError	Unicode 转换时的错误
Warning	警告的基类
DeprecationWarning	关于被弃用的特征的警告
FutureWarning	关于构造将来语义会有改变的警告
PendingDeprecationWarning	关于特性将会被废弃的警告
RuntimeWarning	可疑的运行时行为（runtime behavior）的警告
SyntaxWarning	可疑的语法的警告
UserWarning	用户代码生成的警告

8.3 异常处理

异常处理时可以使用 try…except 语句捕捉异常。try…except 语句的作用是检测 try 语句块中的错误，从而让 except 语句捕获并处理异常信息。

如果读者不想在异常发生时结束程序，只需把可能发生错误的语句放在 try 模块里，用 except 来处理异常。每一个 try，都必须至少有一个 except。except 可以处理一个指定的异常，也可以处理一组圆括号中的异常。如果 except 后没有指定异常，则默认处理所有的异常。

try…except 语句有一个可选的 else 子句，其出现时，必须放在所有 except 子句的后面。如果需要在 try 语句没有抛出异常时执行一些代码，可以使用这个子句。使用 else 子句比把额外的代码放在 try 子句中要好，因为它可以避免意外捕获不是由 try…except 语句保护的代码所引发的异常。

```
try:
    正常的操作
    ......................
except:
    发生异常，执行这块代码
    ......................
else:
    如果没有异常执行这块代码
```

Python 异常处理还可以加入 finally 语句，无论异常发生还是不发生，捕获还是不捕获都会执行的代码段。try…finally 可定义清理行为，在真实场景中，finally 子句用于释放外部资源（如文件或网络连接等），无论它们的使用过程是否出错。

下面是一个具体的示例。

```
while True:
    try:
```

```
        x = int(input("Please enter a number: "))
        break
    except ValueError:
        print("Oops!    That was no valid number.    Try again...")
    else
        print("No Errors!")
    finally:
        print("Any way, it will be here!")
```

示例中的语句按以下方式工作。

首先，执行 try 子句（try 和 except 关键字之间的语句）。如果 try 子句没有任何异常，忽略 except 子句，程序在 try 子句执行后，再继续执行 else 和 finally 子句的代码。如果在 try 子句执行过程中发生异常，跳过 try 子句的其余部分。如果异常的类型与 except 关键字后面的异常名匹配，则执行 except 子句，然后执行 finally 子句的代码。

如果异常的类型与 except 关键字后面的异常名不匹配，它会报错，且 else 子句将不会被执行，finally 子句始终执行。

8.3.1 捕获所有异常

except 子句可以省略异常的名称，从而捕获所有异常。使用这个要非常小心，以这种方式很容易掩盖真正的编程错误。它还可以用来打印一条错误消息，然后重新引发异常（让调用者也去处理这个异常）。

```
import sys
try:
    f = open('myfile.txt')
    s = f.readline()
    i = int(s.strip())
except OSError as err:
    print("OS error: {0}".format(err))
except ValueError:
    print("Could not convert data to an integer.")
except:
    print("Unexpected error:", sys.exc_info()[0])
    raise
```

8.3.2 捕获指定异常

except 关键字后面加上指定异常的名称，可以处理一个指定的异常。如下代码所示，except 只处理 IOError 异常。

```
try:
    fh = open("testfile", "w")
    fh.write("这是一个测试文件，用于测试异常!!")
except IOError:
    print("Error: 没有找到文件或读取文件失败")
else:
    print("内容写入文件成功")
finally:
```

```
fh.close()
```

8.3.3　捕获多个异常

except 也可以处理多个异常，在 Python 3 中，多个异常需要使用逗号分隔，而且还需要用圆括号括起来，具体代码格式如下。

```
try:
    正常的操作
    ....................
except(Exception1[, Exception2[,...ExceptionN]])    as rrrr:
    发生以上多个异常中的一个，执行这块代码
    ....................
else:
如果没有异常执行这块代码
```

8.4　抛出异常

8.4.1　raise 语句

raise 语句允许程序员强制抛出一个指定的异常，raise 关键字后面的参数是需要抛出的异常，必须是一个异常实例或是一个通用的异常类型（从 Exception 派生）。

```
>>> try:
...        raise NameError('HiThere')
... except NameError:
...        print('An exception flew by!')
...        raise
...
An exception flew by!
Traceback (most recent call last):
    File "<stdin>", line 2, in <module>
NameError: HiThere
```

8.4.2　assert 语句

assert 主要用来做断言，通常用在单元测试中较多。如果断言失败，assert 语句本身就会抛出 AssertionError。

```
def foo(s):
    n = int(s)
    assert n != 0, 'n is zero!'
    return 10 / n
foo('0')
Traceback (most recent call last):
    File "<input>", line 1, in<module>
    File "<input>", line 3, in foo
AssertionError: n is zero!
```

8.5 定义清理操作

try 语句还有另一个可选的子句，目的在于定义在任何情况下必须执行的清理操作。不管有没有发生异常，在离开 try 语句之前总是会执行 finally 子句。当 try 子句中发生了一个异常，并且没有 except 子句处理（或者异常发生在 except 或 else 子句中），在执行完 finally 子句后将重新引发这个异常。try 语句由于 break、continue 或 return 语句离开时，同样会执行 finally 子句。

finally 子句还用于释放额外资源，不管资源的使用是否成功。

下面是一个更复杂些的例子。

```
>>> def divide(x, y):
...     try:
...         result = x / y
...     except ZeroDivisionError:
...         print("division by zero!")
...     else:
...         print("result is", result)
...     finally:
...         print("executing finally clause")
...
>>> divide(2, 1)
result is 2.0
executing finally clause
>>> divide(2, 0)
division by zero!
executing finally clause
>>> divide("2", "1")
executing finally clause
Traceback (most recent call last):
    File "<stdin>", line 1, in ?
    File "<stdin>", line 3, in divide
TypeError: unsupported operand type(s) for /: 'str' and 'str'
```

如上所示，在任何情况下都会执行 finally 子句。由两个字符串相除引发的 TypeError 异常没有被 except 子句处理，因此在执行 finally 子句后被重新引发。

8.6 自定义异常

8.6.1 异常类继承树

下面是常见异常类型的继承关系树。

```
BaseException
 +-- SystemExit
 +-- KeyboardInterrupt
```

```
+-- GeneratorExit
+-- Exception
    +-- StopIteration
    +-- StandardError
    |    +-- BufferError
    |    +-- ArithmeticError
    |    |    +-- FloatingPointError
    |    |    +-- OverflowError
    |    |    +-- ZeroDivisionError
    |    +-- AssertionError
    |    +-- AttributeError
    |    +-- EnvironmentError
    |    |    +-- IOError
    |    |    +-- OSError
    |    |         +-- WindowsError (Windows)
    |    |         +-- VMSError (VMS)
    |    +-- EOFError
    |    +-- ImportError
    |    +-- LookupError
    |    |    +-- IndexError
    |    |    +-- KeyError
    |    +-- MemoryError
    |    +-- NameError
    |    |    +-- UnboundLocalError
    |    +-- ReferenceError
    |    +-- RuntimeError
    |    |    +-- NotImplementedError
    |    +-- SyntaxError
    |    |    +-- IndentationError
    |    |         +-- TabError
    |    +-- SystemError
    |    +-- TypeError
    |    +-- ValueError
    |         +-- UnicodeError
    |              +-- UnicodeDecodeError
    |              +-- UnicodeEncodeError
    |              +-- UnicodeTranslateError
    +-- Warning
         +-- DeprecationWarning
         +-- PendingDeprecationWarning
         +-- RuntimeWarning
         +-- SyntaxWarning
         +-- UserWarning
         +-- FutureWarning
    +-- ImportWarning
    +-- UnicodeWarning
    +-- BytesWarning
```

8.6.2 创建自定义异常类

Python 允许用户通过创建一个新的异常类来命名自定义的异常。异常应该通过直接或间接的方式继承 Exception 类。大多数异常的名字都以"Error"结尾，类似于标准异常的命名，示例如下。

```
>>>class MyError(Exception):
        def __init__(self, value):
            self.value = value
        def __str__(self):
            return repr(self.value)
>>> try:
        raise MyError(2*2)
    except MyError as e:
        print('My exception occurred, value:', e.value)
My exception occurred, value: 4
>>> raise MyError('oops!')
Traceback (most recent call last):
  File "<stdin>", line 1, in ?
__main__.MyError: 'oops!'
```

在上面的例子中，类 Exception 的__init__ ()被覆盖了。

当创建一个模块有可能引起多种不同的错误时，通常的做法是为这个模块定义的异常创建一个基类，然后基于这个基类为不同的错误情况创建不同的子类，示例如下。

```
class Error(Exception):
    """Base class for exceptions in this module."""
    pass
class InputError(Error):
    """Exception raised for errors in the input.
    Attributes:
        expression -- input expression in which the error occurred
        message -- explanation of the error
    """
    def __init__(self, expression, message):
        self.expression = expression
        self.message = message
class TransitionError(Error):
    """Raised when an operation attempts a state transition that's not
    allowed.
    Attributes:
        previous -- state at beginning of transition
        next -- attempted new state
        message -- explanation of why the specific transition is not allowed
    """
    def __init__(self, previous, next, message):
        self.previous = previous
        self.next = next
        self.message = message
```

8.7 任务实现

通过本章前面内容的学习，读者已经掌握了 Python 异常机制及使用方法。下面通过优化前面章节的猜数字程序，让读者深入掌握 Python 异常的应用。

在获取用户猜测的数字时，没有对输入的内容进行异常处理，如果用户输入不合法的值便会产生出异常，如图 8-1 所示。

图 8-1　猜数字程序输入异常

接下来对程序进行优化，对用户的输入异常进行处理。

在前面的章节已经实现了一些基本的函数，本次任务只改进 guess.py 中的 guess_main 函数，下面是具体的实现步骤。

1. 复制 guess.py 到 guess_new.py

复制 PythonPractices 项目下 guessnumber 目录下的 guess.py 文件，并粘贴到 guessnumber 目录下，文件名为 guess_new.py，如图 8-2 所示。

图 8-2　复制 guess.py 到 guess_new.py

2. 优化代码，增加异常处理代码

```
# while 循环，让用户猜测
    while guess_count < guess_limit:
        try:    # 增加异常处理机制
            guess = int(input('What\'s your guess? '))
        except ValueError:    # 如果输入不合法，输出提示
            print("Invalid input, please input again!")
        else:                 # 如果未捕获到异常，则检查猜的数字是否正确
```

```
            if guess < low or guess > high:
                print("Value out of range ({0} - {1})".format(low, high))
            else:
                if guess < number:
                    print("Your guess was too low")
                if guess > number:
                    print("Your guess was too high")
                if guess == number:
                    print("Congrats, you guess right!!!")
                    return
        finally:        # 不管异常与否都会执行此子句代码，将猜测次数加 1
            guess_count += 1
```

3．代码运行结果

优化后的代码，即使用户输入了非法内容，代码也会正常执行。优化后的代码运行结果如图 8-3 所示。

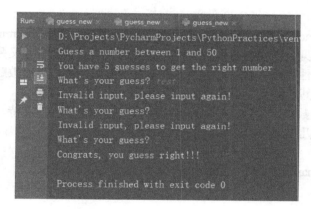

图 8-3　增加异常处理的猜数字程序的运行结果

8.8　小结

通过本章的学习，读者掌握了 Python 的异常处理机制，以及如何在现实场景中应用异常处理。最后还通过对猜数字程序的优化，加强了对异常处理的应用。

8.9　习题

1．实现代码，让用户输入两个数字，并计算第 1 个数除以第 2 个数的结果，需要加入 try…except…else 异常处理代码。

2．定义一个函数 func(filename)，filename 是文件的路径，函数功能是打开文件，并且返回文件内容，最后关闭，用异常来处理可能发生的错误。

3．定义好一个函数 func(listinfo)，listinfo 为一个 1～100 的整数列表，返回一个列表包含偶数，并且用 assert 来断言返回结果和类型。

任务9　Python 进阶——函数运行时间统计

任务目标

◆ 进入 Python 进阶学习，掌握*args 和 **kwargs 参数的原理和用法。

◆ 掌握高阶函数 map，filter 和 reduce 函数的使用。

◆ 了解装饰器的概念、掌握装饰器的使用，以及定义装饰器的方法。

◆ 编程实现函数运行时间统计的一个装饰器。

◆ 将函数运行时间统计装饰器分别应用于不同的函数，测试计时器的功能。

9.1　任务描述

函数式编程（Functional Programming）是一种编程范式（Programming Paradigm），或者说编程模式，比如常见的过程式编程是一种编程范式，面向对象编程又是另一种编程范式。函数式编程的一大特性就是：可以把函数当成变量来使用，比如将函数赋值给其他变量、把函数作为参数传递给其他函数、函数的返回值也可以是一个函数等。

Python 不是纯函数式编程语言，但它为函数式编程提供了一些支持。Python 中的函数式编程，主要包括以下几个方面。

1）匿名函数。

2）高阶函数：map，filter 和 reduce 等。

3）闭包。

4）装饰器。

其中匿名函数和闭包已经在函数章节进行了讲解。本章将介绍高阶函数及装饰器的原理及应用，并完成函数运行时间统计装饰器的实现及应用举例。本次任务的功能描述如下。

1）编写函数运行时间统计装饰器。

2）编写 3 个用于测试装饰器的函数，函数功能是计算整数 1～n 相加的和，分别使用 for 循环，while 循环和 reduce 函数实现。

3）测试代码编写，分别调用 3 个函数，测试整数 1～100000 相加的运行情况，并进行对比。

9.2　魔法参数*args 和**kwargs

大部分 Python 新手程序员都需要花大量时间去理解*args 和**kwargs 这两个魔法参数，也叫动态参数。其实并不是必须写成*args 和**kwargs，只有变量前面的*（星号）才是必需的，也可以写成*var 和**vars，而写成*args 和**kwargs 只是一个通俗的命名约定。

Python 中可以将不定数量的参数传递给一个函数，即事先并不知道函数使用者会传递多少个参数，在这种场景下就需要使用到这两个魔法参数。下面详细介绍*args 和**kwargs 的含义及使用方法。

9.2.1　*args 的用法

　　*args 表示一个任意长度的元组（tuple），也称为非关键字可变长参数，允许在调用时传入任意多个非关键字参数，Python 会将这些多出来的参数放入元组变量 args 中，具体代码格式如下。

```
>>> def test(*args):
...         print(type(args))
...
>>> test()
<class 'tuple'>
```

　　下面通过一个示例来说明*args 的作用。

```
def column(title, *args):
    print("The title name is: %s" % title)
    id = 1
    for value in args:
        print('The %sth %s is %s' % (id, title, value))
        id += 1
```

　　column 函数的第 1 个参数 title 是位置参数，调用时必须传入，后面的参数都是属于 args 元组的，使用示例如下。

```
>>> column("course", "Math", "English", "BigData", "Cloud")
The title name is: course
The 1th course is Math
The 2th course is English
The 3th course is BigData
The 4th course is Cloud
```

　　当然传递参数时，args 参数是可以为空的，示例如下。

```
>>> column("course")
The title name is: course
```

　　从上面的结果可以看出，即使 args 参数为空，函数调用也不会报错，但如果第 1 个位置参数 title 为空，则会报错。

```
>>> column()
Traceback (most recent call last):
    File "<input>", line 1, in <module>
TypeError: column() missing 1 required positional argument: 'title'
```

　　下面通过与位置参数和默认值参数结合，并采用多种调用说明*args 参数的使用方法。定义函数 classinfo，包含位置参数、*students 参数以及默认值参数。

```
def classinfo(name, *students, id="0001"):
    print("The class name is", name)
```

```
print("The class ID is", id)
idx = 1
for student in students:
    print("The %sth student is %s" % (idx, student))
    idx += 1
```

接下来采用多种调用方式，并通过执行结果，理解非关键字可变长参数*students 的使用。

（1）默认值参数和*students 为空

```
>>> classinfo("Big Data")
The class name is    Big Data
The class ID is    0001
```

（2）传入位置参数和默认值参数，*students 为空

```
>>> classinfo("Cloud", "Jack", "Tom", "Jerry", "Cynthia", "Bill", "Kim", "Jimmy")
The class name is Cloud
The class ID is 0001
The 1th student is Jack
The 2th student is Tom
The 3th student is Jerry
The 4th student is Cynthia
The 5th student is Bill
The 6th student is Kim
The 7th student is Jimmy
```

（3）传入所有参数

```
>>> classinfo("Software", "Sally", "Jessie", "Derek", "Kate", id="0002")
The class name is Software
The class ID is 0002
The 1th student is Sally
The 2th student is Jessie
The 3th student is Derek
The 4th student is Kate
```

9.2.2   **kwargs 的用法

**kwargs 允许将不定长度的键值对（即字典），作为参数传递给一个函数。使用
kwargs 后，可以使用关键字的方法将参数传递给函数。kwargs 也称为关键字可变长参
数，允许在调用时传入多个关键字参数，Python 会将这些多出来的<参数名，参数值>放入一
个字典 kwargs 中，具体代码格式如下。

```
>>> def test(**kwargs):
...     print(type(kwargs))
...
>>> test()
<class 'dict'>
```

下面通过一个简单的示例来说明**kwargs 的用法。

```
>>> def info(name, **kwargs):
...        print("Hello %s!", name)
...        for key in kwargs:
...            print("Your %s is %s" % (key, kwargs[key]))
...
```

上面的函数 info 接受不定的**kwargs 参数，通过 key=value 的方式，可以把任意键值对传递给 info 函数。调用 info 传递参数的用法示例如下。

```
>>> info("Cynthia Wong", Height="180", Weight="40", Hair="Black", Phone="123456789")
Hello %s! Cynthia Wong
Your Height is 180
Your Weight is 40
Your Hair is Black
Your Phone is 123456789
```

需要注意的是，关键字变量参数应该为函数定义的最后一个参数，并带**号。定义函数参数时，参数的顺序如下。

1）位置参数。

2）*args。

3）默认值参数。

4）**kwargs。

下面结合位置参数、*args、默认值参数和**kwargs 定义函数，并通过多种调用示例说明**kwargs 的使用。

```
def classinfo(name, *args, id="0001", **kwargs):
    print("This is class", name)
    if args:
        print("The students in this class", ", ".join(args))
    print("This class id is", id)
    for key, value in kwargs.items():
        print("The attribute %s is %s" % (key, value))
```

函数 classinfo 接受 4 个参数，位置参数 name 是班级名称，*args 是所在班级的学生列表，默认值参数 id 是班级 ID，默认值是"0001"，关键字参数**kwargs 存放班级相关的其他属性。其中位置参数 name 必须传入，其他参数均可为空。

（1）只传入 name 值

```
>>> classinfo("Big Data")
This is class Big Data
This class id is 0001
```

（2）传入 name 和*args 参数

```
>>> classinfo("Software", "Tom", "Jimmy", "Kate", "Sam")
This is class Software
The students in this class Tom, Jimmy, Kate, Sam
This class id is 0001
```

（3）传入 name、*args 和 id 值

```
>> classinfo("Mobile Application", "Tom", "Jerry", "Orion", id="0002")
This is class Mobile Application
The students in this class Tom, Jerry, Orion
This class id is 0002
```

（4）传入所有参数

```
>>> classinfo("Cloud", "Sky", "Jack", "Jerry", "Orion", id="0003", grade="2018", department="Cloud
and Big Data", college="Artificial Intelligence and Big Data")
This is class Cloud
The students in this class Sky, Jack, Jerry, Orion
This class id is 0003
The attribute grade is 2018
The attribute department is Cloud and Big Data
The attribute college is Artificial Intelligence and Big Data
```

9.2.3 调用函数时使用*args 和**kwargs 参数

前面两个小节详细讲解了定义函数时，如何定义*args 和**kwargs 这两个魔法参数，以及调用函数时如何传入参数。现在分别讲解使用*args 和**kwargs 来调用一个函数的方法。首先定义如下函数。

```
def info(name, *args, **kwargs):
    print("Your name is", name)
    idx = 1
    for arg in args:
        print("The %sth arg is %s" % (idx, arg))
        idx += 1

    for key, value in kwargs.items():
        print("The attribute %s is %s" % (key, value))
```

在前面的小节中讲解传入 args 参数时，只需要依次传入参数值即可，解释器会将参数存储在 args 元组中，如果需要传入 kwargs 的参数，则依次传入关键字参数，解释器会将所有的关键字参数存储在 kwargs 字典中。

实际上在使用中，也可以直接传入一个元组或者列表给 args 参数，传入一个字典给 kwargs。传入方法是在元组前面加*，比如*args，在字典前面加**，示例如下。

```
>>> args = ("Hello World", "I Love China")
>>> kwargs = {"id": "0001", "length": 170, "weight": 50}
>>> info("Cynthia", *args, **kwargs)
Your name is Cynthia
The 1th arg is Hello World
The 2th arg is I Love China
The attribute id is 0001
The attribute length is 170
The attribute weight is 50
```

```
The attribute id value is 0001
The attribute length value is 170
The attribute weight value is 50
```

参数 args 也可以传入一个列表，示例如下。

```
>>> info("Jack", *msgs)
Your name is Jack
The 1th arg is Hello, World!
The 2th arg is I love China
```

9.3　map，filter 和 reduce 函数

在函数式编程中，可以将函数当作变量一样自由使用。一个函数接收另一个函数作为参数，这种函数称之为高阶函数（Higher-order Functions）。map，filter 和 reduce 3 个函数是 Python 中较为常用的内建高阶函数，能为函数式编程提供便利。3 个函数比较类似，都是应用于序列的函数，不同的是在 Python 3 中只有 map 和 filter 是内置函数，而 reduce 函数已经被从全局名字空间里移除了，它现在被放置在 functools 模块里。下面通过实例讨论并理解它们。

9.3.1　map 函数

map 会将一个函数映射到一个输入列表的所有元素上，具体代码格式如下。

```
map(function_to_apply, list_of_inputs)
```

当需要把列表中所有元素一个个地传递给一个函数并分别收集输出结果时，可以使用 map 函数，例如下面的代码。

```
items = [1, 2, 3, 4, 5]
squared = []
for i in items:
        squared.append(i**2)
```

map 函数可以用一种简单而漂亮的方式来实现。

```
items = [1, 2, 3, 4, 5]
squared = list(map(lambda x: x**2, items))
```

大多数时候，可以使用匿名函数 lambda 来配合 map，上面的示例也是这么做的。map 函数不仅可以应用于一个数据列表，还可以应用于函数列表，示例如下。

```
def multiply(x):
        return (x*x)
def add(x):
        return (x+x)

funcs = [multiply, add]
for i in range(5):
```

```
value = map(lambda x: x(i), funcs)
print(list(value))
```

上面示例代码，将参数 5 依次应用于列表 funcs 中的所有函数，并收集调用结果，上面代码的运行结果如下。

```
[0, 0]
[1, 2]
[4, 4]
[9, 6]
[16, 8]
```

9.3.2 filter 函数

顾名思义，filter 函数的作用是过滤列表中的元素，并且返回一个新的列表，返回新列表的元素均是符合过滤要求的元素，符合过滤要求即是函数映射到该元素时返回值为 True，以下是一个简短的例子。

```
>>> numbers = range(1,10)
>>> even_numbers = filter(lambda x : x % 2 == 0, numbers)    # 过滤偶数
>>> even_numbers                                             # 结果为包含偶数的 filter 对象
<filter object at 0x03AB7AF0>
>>> list(even_numbers)                                       # 将 even_numbers 转换成列表类型
[2, 4, 6, 8]
>>> odd_numbers = filter(lambda x : x%2 != 0, numbers)       # 过滤奇数
>>> odd_numbers                                              # 结果为包含奇数的 filter 对象
<filter object at 0x03D06F90>
>>> list(odd_numbers)                                        # 将 odd_numbers 转换成列表类型
[1, 3, 5, 7, 9]
```

上面的示例代码通过 filter 函数分别将 0～9 序列中的偶数和奇数过滤出来。

filter 函数类似于一个 for 循环，但它是一个内置函数，比 for 循环更快。

9.3.3 reduce 函数

当需要对一个列表进行一些计算并返回结果时，reduce 是个非常有用的函数。举个例子，当需要计算一个整数列表所有元素的乘积时，即可使用 reduce 函数实现。

通常在 Python 中可能会使用基本的 for 循环来完成这个任务，具体代码如下。

```
>>> numbers = range(1, 6)
>>> ret = 1
>>> for num in numbers:
...     ret *= num
...
>>> ret
120
```

如果使用 reduce 函数，则只需要一行代码即可实现，示例如下。

```
>>> numbers = range(1, 6)
```

```
>>> from functools import reduce
>>> reduce((lambda x, y : x * y), numbers)
120
```

注：在使用之前需要 import reduce 函数。

从上面的示例可以看出普通的 for 循环和使用 reduce 函数的结果一致。reduce 函数的第 1 个参数是函数，且这个函数必须接受两个参数。reduce 函数会对序列中的元素进行累计，请看如下示例。

```
>>> msg = "Hello World!"
>>> reduce((lambda x, y : "{0}**{1}".format(x, y)), msg)
'H**e**l**l**o** **W**o**r**l**d**!'
```

通过 reduce 函数将字符串 msg 中每个字符之间增加了"**"。

9.4　装饰器

9.4.1　什么是装饰器

装饰器（Decorators）是 Python 的一个重要组成部分。简单地说，装饰器是修改其他函数功能的函数，可以使代码更简短。大多数初学者不知道在哪儿使用它们，所以接下来的内容会讲解如何在编程中使用装饰器。

9.4.2　函数作为参数

在本书任务 4 中，详细讲解了如何在函数中定义函数，函数作为函数的返回值等内容，下面再补充一下将函数作为参数的知识。

首先回顾一下 Python 中的函数。

```
>>> def greeting(name=""):
...     if name:
...         return "Hello " + name
...     else:
...         return "Hello there!"
...
>>> print(greeting())
Hello there!
>>> print(greeting(name="Jack"))
Hello Jack
```

上面的代码，是直接将函数调用作为 print 函数的参数，函数 greeting 的调用结果将作为 print 函数的参数传入。

一个函数也可以赋值给一个变量，示例如下。

```
>>> hello = greeting
```

上面的代码在将函数 greeting 赋值给 hello 变量时，没有在函数名后面使用小括号，因为这里并不是在调用 greeting 函数，而是在将它赋值给了 hello 变量。当尝试运行如下代码时，结果与调用 greeting("Orion")一样。

```
>>> greeting("Orion")
'Hello Orion'
>>> hello
<function greeting at 0x036EDDF8>
>>> hello("Orion")
'Hello Orion'
```

接下来，实现一个函数，函数的功能是能够在调用 greeting 之前打印一段说明，代码实现如下。

```
>>> def msg(func):
...     print("This is a greeting function!")
...     print(func())
...
>>> msg(greeting)
This is a greeting function!
Hello there!
```

调用 msg 函数时，将 greeting 函数作为参数传入，这里与前面将函数调用作为函数参数不同，此处 greeting 后面没有括号，所以在 msg 函数内，可以调用传入的函数。

9.4.3 自定义装饰器

在上一个例子里创建的 msg 函数，其实就是一个装饰器，实现了在 hello 函数前后执行代码的功能。现在尝试实现一个新的装饰器，该装饰器的返回值是一个函数。

```
>>> def greeting(func):
...     def wrap_func():
...         print("This is a greeting function!")
...         func()
...         print("Nice to meet you!")
...     return wrap_func
...
>>> def hello():
...     print("Hello there!")
...
```

下面调用 greeting 函数，函数的参数使用 hello，并将返回值赋值给变量 hi，最后通过直接调用 hi 即可实现新的问好功能。

```
>>> hi = greeting(hello)
>>> hi()
This is a greeting function!
Hello there!
Nice to meet you!
```

9.4.4 语法糖

语法糖（Syntactic sugar），也译为糖衣语法，是由英国计算机科学家彼得·兰丁发明的一个术语，是指计算机语言中添加的某种语法，这种语法对语言的功能没有影响，但是更方便程序员使用。语法糖让程序更加简洁，有更高的可读性。

举例来说，许多程序语言提供专门的语法来对数组中的元素进行引用和更新。从理论上来讲，一个数组元素的引用涉及两个参数：数组和下标向量。比如这样的表达式：get_array(Array, vector(i, j))。然而，许多语言支持这样直接引用：Array[i, j]。同理，数组元素的更新涉及 3 个参数：set_array(Array, vector(i, j), value)，但是很多语言提供直接赋值：Array[i, j] = value。

Python 允许使用"@+装饰器名字"的格式来使用装饰器，这比上面使用赋值的方式更加简单。下面通过一个实际的示例进行讲解，在 PythonPractices 项目中创建 decorators.py（Prac 9-1）文件。

Prac 9-1: decorators.py

```python
#!/usr/bin/env python
"""

Copyright 2018 by Cynthia Wong
Decorators and Syntactic Sugar examples
"""
def greeting(hello_func):
    """

    print greeting after
    :param hello_func:
    :return:
    """
    def wrapper(*args, **kwargs):
        hello_func(*args, **kwargs)
        print("Nice to meet you!")
    return wrapper
@greeting
def hello(name="There"):
    """

    greeting function
    :param name: say hello to who
    :return:
    """
    print("Hello " + name)
hello()
hello("Jack")
```

上面程序中的@greeting 就比前面的 hi = greeting(hello)的方式简洁。这就是如何定义装饰器及装饰器的应用方法。

上面程序的运行结果，如图 9-1 所示。

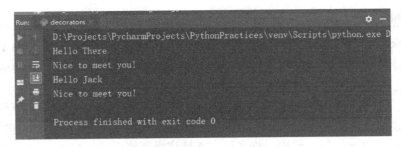

图 9-1 装饰器示例运行结果

9.5 任务实现

通过本章进阶内容的学习，读者已经掌握了 Python 的进阶编程的相关知识，同时掌握了装饰器的原理，以及装饰器的定义及使用方法。下面举例实现函数运行时间统计装饰器，并举例说明如何使用定义的装饰器。

（1）创建程序文件

在 PythonPractices 项目中创建程序文件 running_time.py（Prac 9-2），并编写 shebang 行及程序说明。

Prac 9-2: running_time.py

```
#!/usr/bin/env python

"""
Copyright 2018 by Cynthia Wong
Decorator task: calculate function running time
"""
```

（2）函数运行时间统计装饰器实现

装饰器要调用 time 模块中的 counter 函数，需要在文件前面加入 time 模块的引入语句。perf_counter 函数返回性能计数器的值（以秒分为单位），它包括在睡眠期间和系统范围内流逝的时间。因为返回值的参考点未定义，因此只有连续调用结果之间的差异时间值有效。在装饰器 running_time 调用 func 函数之前，调用 perf_counter，返回性能计数器的值，在调用 func 函数后，再次调用 perf_counter 函数，两个值之间的差即可得出 func 的运行时间。

```
import time


# 函数运行时间计算装饰器
def running_time(func):
    def wrapper(*args, **kwargs):
        start = time.perf_counter()
        print("Program %s starts at %s" % (func.__name__, start))
        # call the func
```

```
            func(*args, **kwargs)
            stop = time.perf_counter()
            print("Program %s stops at %s" % (func.__name__, stop))
            print("Program %s Running Time is %s seconds!\n" % (func.__name__, stop - start))
        return wrapper
```

（3）for 循环实现整数 1～n 相加

下面实现 sum_for 函数，使用 for 循环实现整数 1～n 的和，并打印计算结果。函数中使用 range 生成 1～100 的整数序列。同时使用@running_time 来装饰 sum_for 函数。

```
# For loop
@running_time
def sum_for(start, end):
    sum = 0
    for n in range(start, end+1, 1):
        sum += n
    print("sum integer from %s to %s is %s" % (start, end, sum))
    return sum
```

（4）while 循环实现整数 1～n 的相加

下面实现 sum_while 函数，使用 while 循环实现整数 1～n 的和，并打印计算结果。同样使用@running_time 来装饰 sum_while 函数。

```
# while loop
@running_time
def sum_while(start, end):
    sum = 0
    id = start
    while start <= id <= end:
        sum += id
        id += 1
    print("sum from integer %s to %s is %s" % (start, end, sum))
    return sum
```

（5）reduce 循环实现整数 1～n 相加

使用 reduce 实现整数 1～n 相加，需要先定义一个两数相加的基本函数 sum_basic，用于作为 reduce 函数的参数。然后将 sum_basic 和 1～n 的序列作为 reduce 的参数即可实现 1～n 相加。同样使用@running_time 来装饰 sum_reduce 函数。

```
# 两数相加的函数
def sum_basic(x, y):
    return x + y


# reduce function
@running_time
def sum_reduce(start, end):
    from functools import reduce
```

```
print("sum integer from %s to %s is %s" % (start, end, reduce(sum_basic, range(start, end+1))))
```

（6）测试代码实现

接下来编写测试代码，分别调用 3 个函数，分别计算 1～100000 相加的和。

```
# 测试代码
sum_for(1, 100000)
sum_while(1, 100000)
sum_reduce(1, 100000)
```

（7）程序运行结果

完成代码编写后，运行程序，结果如图 9-2 所示。

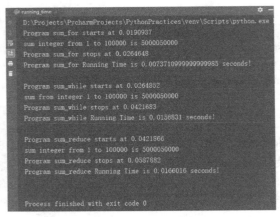

图 9-2   running_time 运行结果

从运行结果可以看出，for 循环的计算效率最高，while 循环其次，最慢的是采用 reduce
函数。

9.6   小结

通过本章的学习，读者掌握了 Python 进阶相关的知识：魔法参数、3 个高阶函数，以及
装饰器的定义及使用。最后通过函数运行时间统计装饰器任务将所有知识点进行融合，通过
任务示例让读者加深对本章知识点的理解。

9.7   习题

1．定义一个打印图书馆读者信息的函数，函数接受一个位置参数，一个 *args 及
kwargs 参数，位置参数是读者 ID，*args 是读者所借书目的列表，kwargs 参数是读者个
人信息，如：联系方式、性别、年级、学院。

2．应用 map 函数实现 1～100 的整数列表立方的计算，并生成一个新的列表。

3．应用 filter 函数取出 1～100 整数序列中的素数。

4．应用 reduce 函数实现 1～10 整数序列所有元素相乘的结果。

5．定义一个用户认证装饰器，并用于信息获取接口，信息获取接口自定义。

参 考 文 献

[1] 策勒. Python 程序设计[M]. 3 版. 王海鹏，译. 北京：人民邮电出版社，2017.

[2] Wesley Chun. Python 核心编程[M]. 3 版. 孙波翔，李斌，李晗，译. 北京：人民邮电出版社，2016.

[3] Mark Summerfield. Programming in Python 3: A Complete Introduction to the Python Language[M]. 2nd ed. Boston: Addison-Wesley，2010.

大数据系列教材推荐

书号：978-7-111-64903-8

作者：黄源

书号：978-7-111-63198-9

作者：董付国

书号：978-7-111-64915-1

作者：王正霞

书号：978-7-111-60950-6

作者：赵增敏

书号：978-7-111-65126-0

作者：李俊翰

书号：待定

作者：黄源